中等职业学校教学用书（计算机技术专业）

计算机组成与工作原理

刘晓川　主编

電子工業出版社
Publishing House of Electronics Industry
北京 · BEIJING

内 容 简 介

本书是根据教育部最新颁布的中等职业学校计算机及其应用专业的教学基本要求，参照劳动与社会保障部在全国计算机信息高新技术考试中有关计算机原理部分的职业技能鉴定考核标准，结合当前中等职业学校计算机及其应用专业教学实际编写的。

本书主要讲解了微型计算机组成结构和各部件的工作原理，常见外围设备的功能和使用方法。还介绍了相关的计算机软件基础知识和网络基础知识，常用的系统测试工具等。

本书可作为中等职业学校计算机技术专业的教材，也可作为相关专业的教学参考书。

为方便教学，本书还配有教学参考资料包（包括教学指南、电子教案及习题答案），详见前言。

图书在版编目（CIP）数据

计算机组成与工作原理/刘晓川主编．—北京：电子工业出版社，2008.1

中等职业学校教学用书．计算机技术专业

ISBN 978-7-121-05373-3

Ⅰ．计… Ⅱ．刘… Ⅲ.电子计算机—专业学校—教材 Ⅳ. TP3

中国版本图书馆 CIP 数据核字（2007）第 177227 号

策划编辑：关雅莉

责任编辑：关雅莉　张　凌

印　　刷：涿州市京南印刷厂

装　　订：涿州市京南印刷厂

出版发行：电子工业出版社

北京市海淀区万寿路 173 信箱　邮编　100036

开　　本：787×1 092　1/16　印张：9.5　字数：235.2 千字

版　　次：2008 年 1 月第 1 版

印　　次：2024 年 7 月第 43 次印刷

定　　价：22.00 元

凡所购买电子工业出版社图书有缺损问题，请向购买书店调换。若书店售缺，请与本社发行部联系，联系及邮购电话：（010）88254888，88258888。

质量投诉请发邮件至 zlts@phei.com.cn，盗版侵权举报请发邮件至 dbqq@phei.com.cn。

本书咨询联系方式：（010）88254617，luomn@phei.com.cn。

本书是根据教育部最新颁布的中等职业学校计算机及其应用专业的教学基本要求，参照劳动与社会保障部在全国计算机信息高新技术考试中有关计算机原理部分的职业技能鉴定考核标准，结合当前中等职业学校计算机及其应用专业教学实际编写的。

《计算机组成与工作原理》是中等职业学校计算机及其应用专业的一门主干专业课程，其任务是使学生掌握必要的计算机硬件和软件知识，掌握微型计算机组成结构和各部件的工作原理，熟悉常见外围设备的功能和使用方法，为学生进一步学习专业知识，提高专业技能，适应就业需求和职业变化奠定基础。

本教材在编写结构方面，采用“模块化结构”编写，打破原有“学科本位”教材体系，根据就业需求将相关的知识技能和岗位实际融于一体，既便于学生系统学习，也利于学生按照需求选择学习；在编写内容方面，注意结合计算机发展的新知识、新技术、新工艺，考虑中职生的基础学力和认知规律，力求安排最常用、最实际、最需要，岗位需求、学生感兴趣的知识与技能点；在编写要求方面，力求在介绍最基本的应用知识和实用技能的基础上，突出教学过程的实践性，尽量避免较深的专业术语或专业解析，注意言简意赅、图文并茂、循序渐进、深入浅出，便于学生自学和带着问题查阅。此外，重要章节中设立了一些“课堂讨论”题目，便于教师引导学生展开探究性学习，每章后的习题也便于学生理解掌握，及时巩固所学内容。

本课程的教学重点在于计算机的基本组成、工作原理和内部运行机制。考虑到本课程技术性、实用性强的特点，许多原理必须通过一些实例（具体机型、部件、器件）和实现技术等来具体说明，因此，对于一些实践性较强的教学内容，建议直接在机房上课、实际操作。应该注意的是，教学中必须紧紧把握组成和工作原理这条主线，而不能花太多精力到这些实例的具体内容和实现中的技术细节。教师在教学中要注意既要将其作为一门硬件课程，但又不能作为一门纯硬件课程，应适当兼顾与硬件关系最密切的软件入门知识。并尽可能采用计算机多媒体教学，引导学生边学习、边思考、边操作。手脑并用，教、学、做合一。让学生由简到繁，由易到难，循序渐进地完成学习任务。

本书由刘晓川主编。第 1 章由刘晓川编写，第 2 章、第 3 章由未培编写，第 4 章由龚双江编写，第 5 章由肖丙生编写，第 6 章由孙玉编写。由关雅莉、殷华林审稿。全书在编写过程中，电子工业出版社、安徽职业技术学院、安徽工商职业学院给予了大力支持，在此一并表示感谢。

由于时间仓促，编写水平有限，书中难免有不妥之处，恳请广大读者多提宝贵意见，以便进一步修改完善。

为方便教学，本书还配有教学指南、电子教案和习题答案（电子版），请有此需要者登录华信教育资源网（www.huaxin.edu.cn 或 www.hxedu.com.cn）免费注册后进行下载。如发现书中有问题请在网站留言板留言或与电子工业出版社联系（E-mail:hxedu@phei.com.cn）。

编　者

2007 年 11 月

目　录

第 1 章 微型计算机组成概述

通过前面课程的学习，我们已经掌握了微型计算机的基本使用，例如，使用微型计算机编辑文档、欣赏音乐、看电影、浏览图片，通过 Internet 浏览信息、聊天等，我们也知道微型计算机系统由硬件系统与软件系统组成，硬件系统包括构成计算机的各种部件和外部设备，软件是计算机正常工作所需要的指令和数据的集合。那么，计算机内部硬件与软件是如何协调工作实现这些神奇工作的呢？本书将与同学们一起了解计算机的组成与工作原理。

1.1 主机箱内部的组成

微型计算机从外观看主要由主机、显示器、键盘、鼠标、音箱等组成，如图 1-1 所示。主机一般指主机箱、主板、CPU、内存条、电源供应器等。

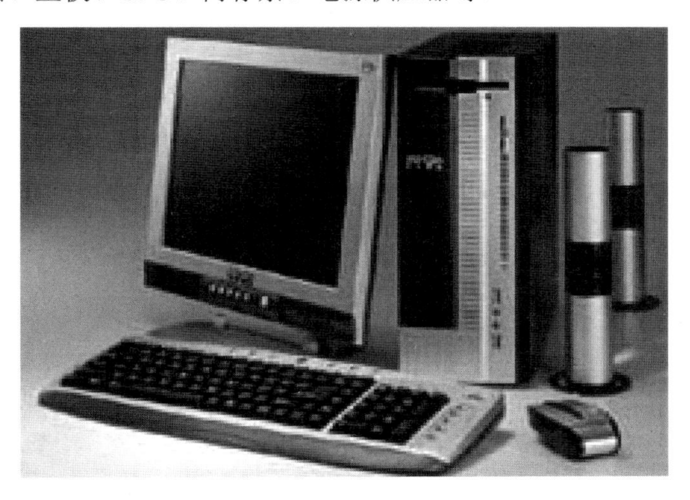

图 1-1 微型计算机外观

1.1.1 主机箱

主机箱分为立式和卧式两种，两者没有本质区别，用户可以根据自己的爱好与摆放需要进行选择。

主机箱的正面配置有各种工作状态的指示灯和控制开关，如电源指示灯、硬盘指示灯、电源开关、Reset开关等；同时还可以看到软盘驱动器开关、光盘驱动器开关等。

主机箱的背面有电源插座，用于连接外部设备的各种外设接口，如串行端口、并行端口、USB 接口、PS/2 接口、显卡接口等。如图 1-2 所示。

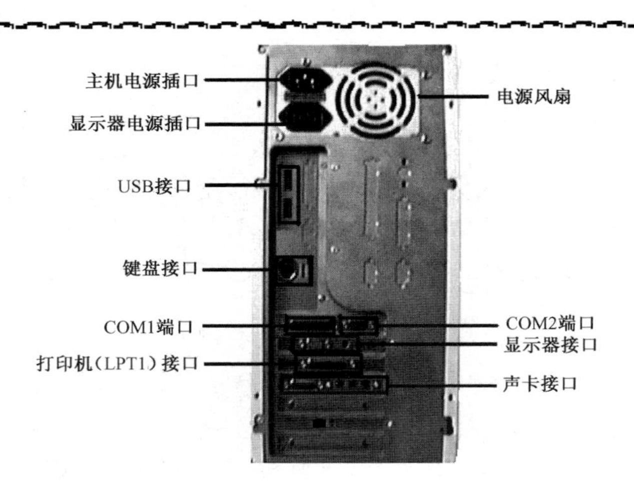

图 1-2 主机箱背面的端口与插口

打开主机箱，可以看到其中包含主板、CPU、内存条、硬盘驱动器、软盘驱动器、光盘驱动器、电源和各种功能卡（如声卡、网卡、显示卡等）等。如图 1-3 所示。

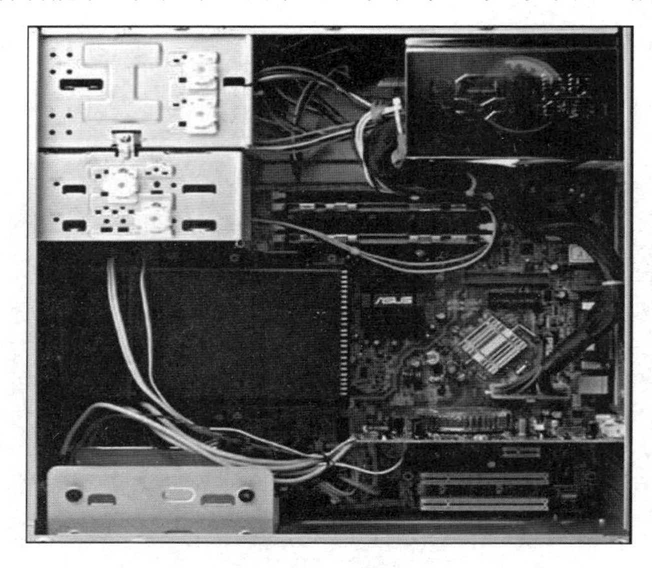

图 1-3 主机箱的剖面图

1.1.2 主板

系统主板（Mainboard）又称做系统板、母板，是微型计算机中的核心部件。主板安装在主机机箱内，是一块多层印制电路板，外表两层印制信号电路，内层印制电源和地线。主板上面布满了各种插槽、接口、电子元件，系统总线也集成在主板上。主板的性能好坏对微机的总体性能指标将产生举足轻重的影响。

目前的微型计算机主板一般都集成有串行口、并行口、PS/2 鼠标口、软驱接口和增强型（EIDE）硬盘接口（用于连接硬盘、IDE 光驱等 IDE 设备），以及内存条插槽等，如图 1-4 所示。

在主板上，提供有 CPU 插座。除 CPU 以外的主要功能部件一般都集成到一组大规模集成电路芯片上，这组芯片的名称也常用来作为主板的名称。芯片组与主板的关系就像 CPU 与整机一样，它提供了主板上的核心逻辑，主板所使用的芯片组的类型直接影响主板甚至整机的性能。

图 1-4　微型计算机的系统主板

主板上的扩展插槽是总线的物理表现，是主机通过总线与外部设备联接的部分。扩展插槽的多少反映了微机系统的扩展能力。

1.1.3　主板上的主要部件

1．微处理器

微处理器又称为中央处理器（简称 CPU），负责完成指令的读出、解释和执行，是微型机的核心部件。CPU 主要由运算器、控制器、寄存器组等组成，有的还包含了高速缓冲存储器。决定微处理器性能的指标有很多，其中主要是字长和主频。

美国 Intel 公司是世界上最大的 CPU 制造厂家，该公司制造了 Intel X86 系列的 CPU，其中 Pentium 系列是目前微型机中配置的主要 CPU 系列。除了 Intel 公司以外，其他较著名的微处理器生产厂家还有 AMD 公司、Cyrix 公司、IBM 公司等。CPU 如图 1-5 所示。

图 1-5　CPU

2．内存储器

内存储器简称内存，用来存放 CPU 运行时需要的程序和数据。内存分为只读存储器（ROM）和随机存取存储器（RAM）两类，我们平时所说的内存一般指 RAM，RAM 中保存的数据在电源中断后将全部丢失。由于内存直接与 CPU 进行数据交换，所以内存的存取速度要求与 CPU 的处理速度相匹配。

目前的微型计算机的主板大多采用内存条（SIMM）结构，该结构的主板上提供有内存插槽及内存条。如图 1-6 所示。

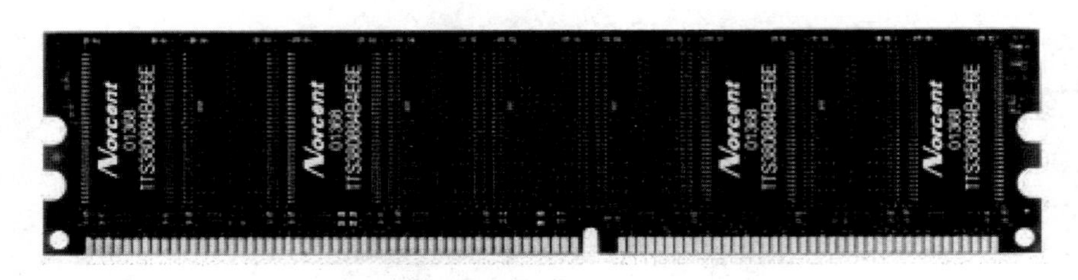

图 1-6　内存条

3．输入/输出接口

输入/输出接口是微型计算机的 CPU 和外部设备之间的连接通道。由于微型机的外设本身品种繁多且各自工作原理也不尽相同，同时 CPU 与外设之间也存在着信号逻辑、工作时序、速度等的不匹配问题，所以微型机的输入/输出设备必须通过输入/输出接口电路与系统总线相连，然后才能通过系统总线与 CPU 进行信息交换。接口在系统总线和输入/输出设备之间传输信息，提供数据缓冲，以满足接口两边的时序要求。具体地说，接口应具有数据缓冲及转换功能、设备选择和寻址功能、联络功能、解释并执行 CPU 命令功能、中断管理功能、错误检测功能等。

微型计算机的输入/输出接口一般使用大规模、超大规模集成电路技术做成电路板的形式，插在主机板的扩展槽内，常称做适配器，也称做"卡"，如声卡、显卡、网卡等，如图 1-7 所示。

显卡　　　　网卡

图 1-7　显卡与网卡

4．总线

总线是微型计算机中各硬件组成部件之间传递信息的公共通道，是连接各硬件模块的纽带。微型计算机的各组成部件就是通过系统总线相互连接而形成计算机系统的。

在微型计算机中，总线实际上可理解为一组导线，是整个微型计算机系统的“大动脉”，对微型计算机系统的功能和数据传送速度有极大的影响。在一定时间内可传送的数据量称做总线的带宽，数据总线的宽度与计算机系统的字长有关。图 1-8 所示为硬盘线。

图 1-8　硬盘线

1.1.4　外存储器

外存储器是用来长久保存大量信息的存储设备，它不能被 CPU 直接访问，其中存储的信息必须调入内存后才能为 CPU 使用。微型计算机的外存储器的存储容量相对于内存大得多，常见的有软磁盘、硬盘、光盘、移动存储设备等。

1．软盘驱动器

软磁盘（简称软盘）是一种表面涂有磁性物质的塑料圆盘，并封装在一个方形塑料保护套内。软磁盘驱动器是一种对软磁盘上数据进行存取操作的设备，安装在主机箱内。随着 U 盘的普及，软盘的使用越来越少。如图 1-9 所示。

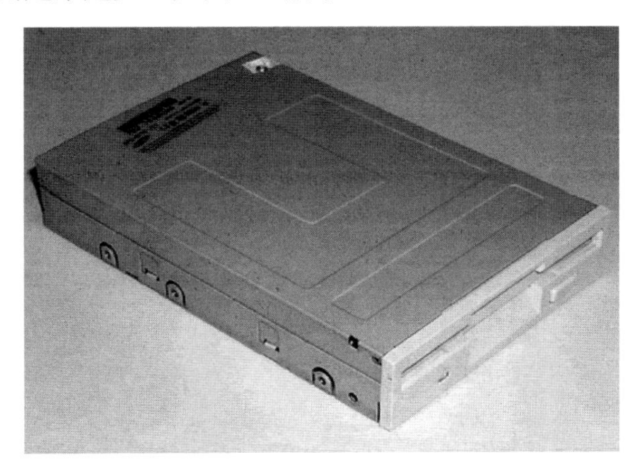

图 1-9　软盘驱动器

2．硬盘

硬磁盘由硬质的合金材料构成的多张盘片组成，硬磁盘与硬盘驱动器作为一个整体被密封在一个金属盒内，合称为硬盘，硬盘通常又固定在主机箱内。硬盘具有使用寿命长、容量大、存取速度快等优点。如图 1-10 所示。

图 1-10　硬盘

3．光盘驱动器

光盘存储器由光盘和光盘驱动器组成，光盘驱动器使用激光技术实现对光盘信息的写入和读出。光盘具有体积小、容量大、信息保存长久等特点，是多媒体技术获得快速推广的重要因素。光盘按读/写方式分为只读型光盘、一次写入型光盘和可重写型光盘三类。光盘驱动器如图 1-11 所示。

图 1-11　光盘驱动器

4．移动存储设备

移动存储设备主要有闪存类存储器和活动硬盘。闪存类存储器的存储介质为半导体电介质，主要有U 盘和各种存储卡。活动硬盘可分为两类：一类是机架内置式活动硬盘，可内置于机箱的 5 英寸机架上，硬盘安放在一个可抽取的硬盘盒中，可抽出并随意移动；另一类是外置式活动硬盘，外置于机箱之外，通过 USB 接口与主机连接。

1.2　输入/输出系统

随着计算机技术的不断发展和计算机应用领域的进一步扩大，需要输入计算机系统进行处理的数据急剧增大，对计算机系统的输入/输出设备的要求逐步提高。同时计算机系统输入/输出设备的种类日益增多，使得输入/输出设备在计算机系统中的影响日益显著，当然计算机系统对输入/输出设备的控制也日益复杂。本节通过对计算机系统中常见的 I/O 设备适配器（接口）的介绍，引出 I/O 接口的概念、输入/输出信息传送控制方式，最后介绍计算机系统中常见的外围设备。

1.2.1 常见输入/输出接口

计算机系统中常见的外设有很多，基本上所有的外设都是通过主板与主机进行连接的，所以在一块主板中会存在各种各样的外设接口，如键盘、鼠标接口，打印机接口，USB 接口和 IEEE 1394 接口，网线接口，以及音视频输出/输入接口等。图 1-12 给出了一些常见接口具体位置，下面分别介绍它们的特点。

图 1-12　常见接口类型

图中的“1”号位置是键盘和鼠标接口，它们的外观结构是一样的，但是不能用错。为了便于识别，通常以不同的颜色来区分，绿色的为鼠标接口，而紫色的为键盘接口。在以前的586 时代，键盘接口为大的圆口，而鼠标通常使用图“2”号位置的COM 口，那时电脑的COM 口通常至少有 2 个。所以在购买键盘和鼠标时一定要注意，以免买回来的不适合主板接口类型。通常为了区分，在购买键盘中以“大口”和“小口”来说明，而鼠标则以“圆口”和“扁口”来区分。

图中的“2”号位置为串行 COM 口，这在前面已经介绍。它主要是用于以前的扁口鼠标、MODEM 以及其他串口通信设备。标准的串口能够达到最高 115Kbps 的数据传输速度，而一些增强型串口如 ESP（Enhanced Serial Port，增强型串口）、Super ESP（Super Enhanced Serial Port，超级增强型串口）等则能达到 460Kbps 的数据传输速率，但其数据传输速率仍然较低，已逐渐被 USB 或 IEEE 1394 接口所取代。

图中的“3”号位置是并行接口，通常用于老式的并行打印机连接，也有一些老式游戏设备采用这种接口，目前已很少使用，主要是因为它的传输速率较慢，不适合当今数据传输发展需求，也逐渐被 USB 或 IEEE 1394 接口所取代。

图中的“4”号位置是 VGA 接口，主要用于连接显示设备。

图中的“5”号位置是 IEEE 1394 接口，通常有两种接口方式，一种是六角形的 6 针接口，另一种是四角的 4 针接口。其区别就在于 6 针接口除了两条一对共两对的数据线外还多了一对电源线，可直接向外设供电，多使用于苹果机和台式电脑。而四针接口多用于 DV 或笔记本电脑等设备。目前版本主要为 IEEE 1394a 版，最高传输速率为 400Mbps，它的 IEEE

1394b 版将达到 1.6Gbps 甚至更大的传输速率。它与 USB 类似，支持即插即用、热拔插，而且无须设置设备 ID 号，从 Win 98 SE 以上版本的操作系统开始内置 IEEE 1394 支持核心，无须驱动程序，它还支持多设备的无 PC 连接等。但由于它的标准使用费比较高，目前仍受到许多限制，只是在一些高档设备中应用普遍，如数码相机、高档扫描仪等。

图中的“6”号位置是 USB 接口。它也是一种串行接口，目前最新的标准是 2.0 版，理论传输速率可达 480Mbps。通过 USB 接口用户在连接外设时不用再打开机箱、关闭电源，而是采用“级联”方式，每个 USB 设备用一个 USB 插头连接到一个外设的 USB 插座上，而其本身又提供一个 USB 插座给下一个 USB 设备使用，通过这种方式的连接，一个 USB 控制器可以连接多达 127 个外设，而每个外设间的距离可达 5 米。USB 统一的 4 针圆形插头将取代机箱后的众多的串/并口（鼠标、MODEM、键盘等）插头。USB 能智能识别 USB 链上外围设备的插入或拆卸。除了能够连接键盘、鼠标等，USB 还可以连接 ISDN、电话系统、数字音响、打印机以及扫描仪等低速外设。它的优点就是数据传输速率高、支持即插即用、支持热拨插、无须专用电源、支持多设备无 PC 独立连接等。

图中的“7”号位置是指双绞以太网线接口，也称之为“RJ—45 接口”，只有集成了网卡的主板才会提供。它用于网络连接的双绞网线与主板中集成的网卡的连接。

图中的“8”号位置是指声卡输入/输出接口，这也是在主板集成了声卡后才提供的，不过现在的主板一般都集成声卡，所以通常在主板上都可以看到这 3 个接口。常用的只有 2 个，那就是输入和输入出接口。通常也用颜色来区分，红色的为输出接口，用于接音箱、耳机等音频输出设备，浅蓝色的为音频输入接口，用于连接麦克风、话筒之类的音频外设。

上面介绍了主板背板的常见接口，在计算机系统中，还存在一些其他常见的接口，比如磁盘的 IDE 接口、SCSI 接口以及 PCI 总线接口等。这些接口不仅仅提供主机与外设的连接，而且还起到转换的作用。下面通过接口的结构和功能，详细介绍接口在计算机系统中的作用。

1.2.2　I/O 接口的基本概念

无论外设采用何种方式与主机交换信息，都存在以下几个问题需要解决：（1）主机如何从众多的外设中找出要与之交换信息的外设；（2）如何解决异步工作的系统之间的信息交换问题，例如当外设工作速度与主机速度差异非常大时，如何使主机与外设之间的速度相互协调；（3）主机如何了解外设的工作情况，如何向外设发出控制命令，也是需要考虑的问题。解决以上问题的办法便是在主机与 I/O 设备之间设立输入/输出接口。如图 1-13 所示。

接口即 I/O 设备适配器，具体是指 CPU 和主存、外围设备之间通过总线进行连接的逻辑部件。接口部件在它动态连接的两个部件之间起着“转换器”的作用，以便实现彼此之间的信息传送。图 1-14 所示为 CPU、接口和外围设备之间的连接关系。

一个典型的计算机系统具有各种类型的 I/O 设备，而各种 I/O 设备在结构和工作原理上与主机有很大的差异，它们都有各自单独的时钟，独立的时序控制和状态标准。主机与外部设备工作在不同速度下，它们速度之间的差别一般能够达到几个数量级。同时主机与外设在数据格式上也不相同：主机采用二进制编码表示数据，而外部设备一般采用 ASCII 编码。因此在主机与外设进行数据交换时必须引入相应的逻辑部件（接口）解决两者之间的同步与协调、数据格式转换等问题。

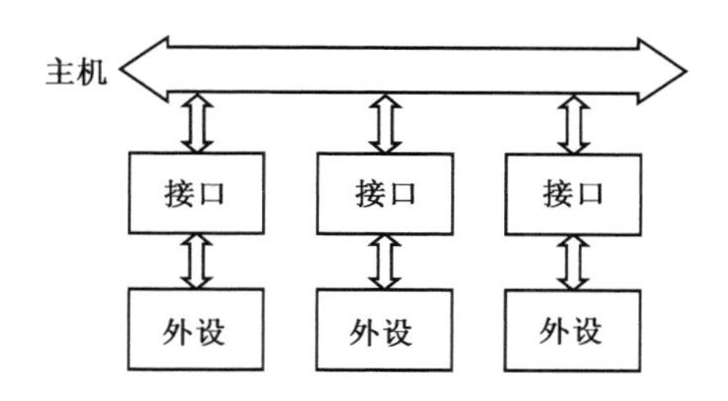

图 1-13　主机与外设之间的连接

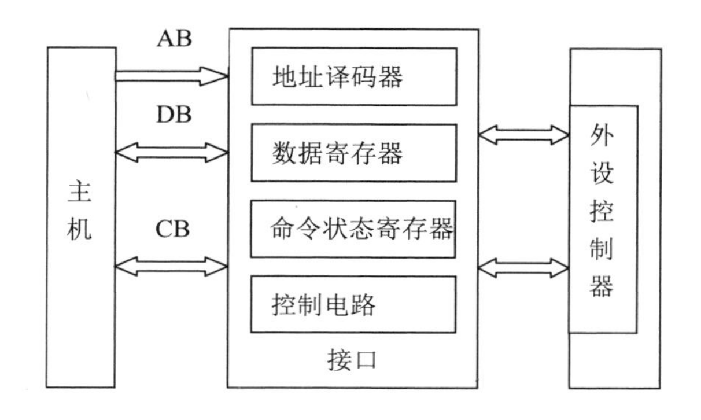

图 1-14　CPU、接口和外围设备之间的连接关系

1．接口的基本组成

（1）数据输入寄存器

数据输入寄存器用于暂存外围设备送往 CPU 的数据或在 DMA 方式下送往内存的数据。

（2）数据输出寄存器

数据输出寄存器用于暂存 CPU 送往外围设备的数据或在 DMA 方式下内存送往外围设备的数据。

（3）状态寄存器

状态寄存器用于保存 I/O 接口的状态信息。CPU 通过对状态寄存器内容的读取和检测可以确定 I/O 接口的当前工作状态。

（4）控制寄存器

控制寄存器用于存放 CPU 发出的控制命令字，以控制接口和设备所执行的动作，如对数据传输方式、速率等参数的设定，数据传输的启动、停止等。

（5）中断控制逻辑

当 CPU 与 I/O 接口以中断方式交换信息时，中断控制逻辑电路用于实现外围设备准备就绪时向 CPU 发出中断请求信号，接收来自 CPU 的中断响应信号以及提供相应的中断类型码等功能。

2．接口的功能

为了使所有的外围设备能够兼容，并能在一起正确地工作，CPU 规定了不同的信息传送控制方式。不论哪种外围设备，只要选用某种数据传送控制方法，并按它的规定通过总线和主机连接，就可以进行信息交换。通常在总线和每个外围设备的设备控制器之间使用一个适配器（接口）电路来解决这个问题，以保证外围设备用计算机系统所要求的形式发送和接收信息。接口逻辑通常采用标准形式，以便扩展。典型的接口通常具有如下功能：

（1）控制——接口靠程序的指令信息来控制外围设备的动作，如启动、关闭设备等。

（2）缓冲——接口内部设有缓冲寄存器，可实现数据缓冲作用，使主机与外设在工作速度上达到匹配，避免数据丢失和错乱。

（3）状态——接口监视外围设备的工作状态并保存状态信息。状态信息包括数据“准备就绪”、“忙”、“错误”等，供 CPU 询问外围设备时进行分析之用。

（4）转换—— 接口可以完成任何要求的数据转换，主机与接口间传输的数据是数字信号，但接口与外设间传输的数据格式却因外设而异，为满足各种外设的要求，接口电路必须实现各种数据格式的相互转换。例如：并–串转换、串–并转换、模–数转换、数–模转换等。

（5）整理——接口可以完成一些特别的功能，例如在需要时可以修改字计数器或当前内存地址寄存器。

（6）程序中断——每当外围设备向 CPU 请求某种动作时，接口即产生一个中断请求信号到 CPU。

课堂讨论

I/O 接口是主机与外设之间起“转换”作用的适配器，通常采用标准形式。下面给出了一些常见的标准接口，你能给出一些使用这些接口的典型设备吗？

接口标准	典型设备
COM 接口	
并行接口	
USB 接口	
IEEE1394	
IDE 接口	
SCSI 接口	

1.2.3 输入/输出信息传送控制方式

主机和外设之间的信息传送控制方式，经历了由低级到高级、由简单到复杂、由集中管理到各部件分散管理的发展过程。按其发展的先后次序和主机与外设并行工作的程度，可以分为以下 4 种。

➢ 程序查询方式

程序查询方式是一种程序直接控制方式，这是主机与外设间进行信息交换的最简单方式，输入和输出完全是通过 CPU 执行程序来完成的。一旦某一外设被选中并启动之后，主机将查询这个外设的某些状态位，看其是否准备就绪？若外设未准备就绪，主机将再次查询；若外设已准备就绪，则执行一次 I/O 操作。

这种方式下，CPU 通过 I/O 指令询问指定外设当前的状态，如果外设准备就绪，则进行数据的输入或输出，否则 CPU 等待，循环查询。这种方式的优点是结构简单，只需要少量的硬件电路即可，缺点是由于 CPU 的速度远远高于外设，因此通常处于等待状态，工作效率很低。

➢ 中断处理方式

在主机启动外设后，无须等待查询，而是继续执行原来的程序，外设在做好输入/输出准备时，向主机发中断请求，主机接到请求后就暂时中止原来执行的程序，转去执行中断服务程序——对外部请求进行处理，在中断处理完毕后返回原来的程序继续执行。显然，程序中断不仅适用于外部设备的输入/输出操作，也适用于对外界发生的随机事件的处理。完成一次程序中断还需要许多辅助操作，主要适用于中、低速外设。

在这种方式下，CPU 不再被动等待，而是可以执行其他程序，一旦外设为数据交换准备就绪，可以向 CPU 提出服务请求，CPU 如果响应该请求，便暂时停止当前程序的执行，转去执行与该请求对应的服务程序，完成后，再继续执行原来被中断的程序。

➢ DMA（直接存储器存取）传送方式

所谓 DMA 方式就是直接存储器存取方式（Direct Memory Access），也就是说它不像前两种方式（程序查询和程序中断方式）那样通过 CPU 执行程序，将外设的数据送入内存，或将内存的数据送到外设输出，而是直接（不通过 CPU）由接口硬件控制系统总线与内存进行数据交换。DMA 方式是在主存和外设之间开辟直接的数据通路，可以进行基本上不需要 CPU 介入的主存和外设之间的信息传送，输入时由外设直接写入内存，输出时由内存传送至外设，这样不仅能保证 CPU 的高效率，而且能满足高速外设的需要。

DMA 方式只能进行简单的数据传送操作，在数据块传送的起始和结束时还需 CPU 及中断系统进行预处理和后处理。

➢ I/O 通道控制方式

I/O 通道控制方式是 DMA 方式的进一步发展，在系统中设有通道控制部件，每个通道挂若干外设，主机在执行 I/O 操作时，只需启动有关通道，通道将执行通道程序，从而完成 I/O 操作。

通道是一个具有特殊功能的处理器，它能独立地执行通道程序，产生相应的控制信号，实现对外设的统一管理和外设与主存之间的数据传送，但它不是一个完全独立的处理器。它要在 CPU 的 I/O 指令指挥下才能启动、停止或改变工作状态，是从属于 CPU 的一个专用处理器。

一个通道执行输入/输出过程全部由通道按照通道程序自行处理，不论交换多少信息，只打扰 CPU 两次（启动和停止时）。因此，主机、外设和通道可以并行工作，而且一个通道可以控制多台不同类型的设备。

目前，小型、微型机大多采用程序查询方式、程序中断方式和 DMA 方式；大、中型机多采用通道方式。

1．程序查询方式

输入/输出操作全部由 CPU 执行程序来完成。例如输入时，CPU 先执行一条启动输入设备工作的指令，其后 CPU 不断测试设备状态是否完成操作，如果输入操作尚未完成，CPU 执行等待及测试指令，如果输入已经完成，则 CPU 执行输入指令，把设备数据寄存器的内容取入 CPU 中，并再次启动设备，输入下一个数据。整个输入过程是在程序控制下完成的。

I/O 传送数据还可分为同步方式和异步方式：

（1）同步方式，当 I/O 设备的操作时间是固定不变时，CPU 不需要测试设备状态，按规定时间直接访问设备即可，这种方式称为同步方式。

（2）异步方式，又叫查询方式，在许多情况下，设备工作与主机是不同步的，例如机电式的打印机与主机的速度相差几千倍以上，CPU 执行 I/O 操作时，必须要求设备是准备好的，即输入时数据已由设备送往设备的数据寄存器，输出时上次处理机送到设备数据寄存器的数据已由设备取走输出完毕。输入/输出前，CPU 必须查询设备所处状态，设备准备好了，CPU 才执行传送，设备未准备好，CPU 就继续等待。

设备是否准备好，由设备状态寄存器中某一位来表示，这一位通常用 READY 表示，主机可用读状态寄存器，判断 READY 位以查看设备操作进行情况。

查询方式输入情况的流程如图 1-15 所示。

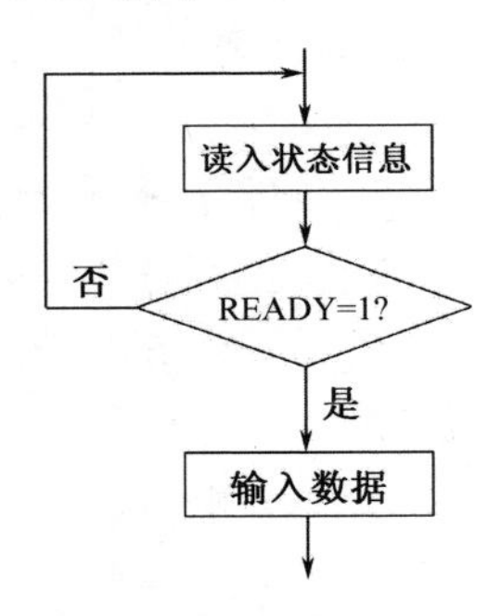

图 1-15　查询方式输入流程图

查询方式输出时，CPU 必须知道输出设备是否空闲，若设备正在工作，处于忙碌状态，其状态位 BUSY=1，CPU 继续等待，直到设备的输出操作完成，BUSY=0，CPU 得知输出设备空闲时，才送入下一个数据。当 CPU 把数据送到数据寄存器后，同时置状态位 BUSY=1，表示输出设备忙碌，告诉 CPU 不要再送入新的数据，输出流程图如图 1-16 所示。

程序查询方式，亦称为状态驱动方式，其优点是控制简单，缺点是输入/输出过程中，CPU 一直处于等待状态，浪费 CPU 很多时间。

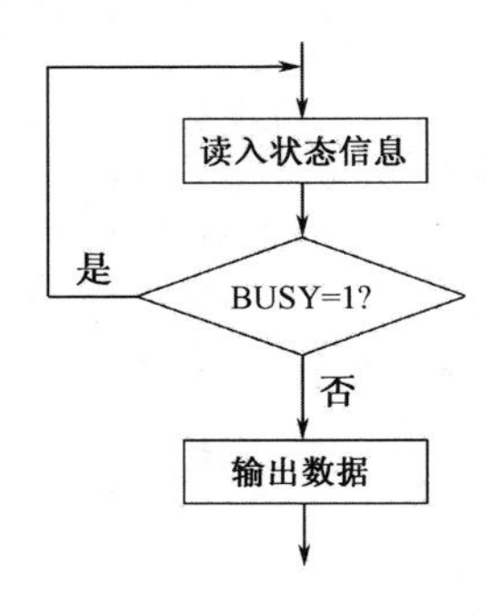

图 1-16　查询方式输出流程图

解决这个问题的办法有两种：

（1）研制新型的快速 I/O 设备。

（2）改进传输控制方式，例如采用中断方式等。

2．程序中断方式

程序查询方式虽然简单，但却存在明显的缺点：

（1）在查询过程中，CPU 长期处于踏步等待状态，使系统效率大大降低；

（2）CPU 在一段时间内只能和一台外设交换信息，其他设备不能同时工作；

（3）不能发现和处理预先无法估计的错误和异常情况。

程序中断方式的思想是：CPU 启动设备后，不再等待设备工作完成，而是继续执行原来的主程序（此时主机与外设并行工作），外设操作完成后，再向 CPU 发出请求，申请主机为自己服务，这种请求是随机产生的，是程序中事先无法安排的。此时，主机应该停止执行主程序，保存主程序停止时的指令地址，转来为设备服务，服务完毕，再自动返回主程序停止时的断点，继续执行原程序，这个过程称为中断。图 1-17 为程序中断方式示意图。

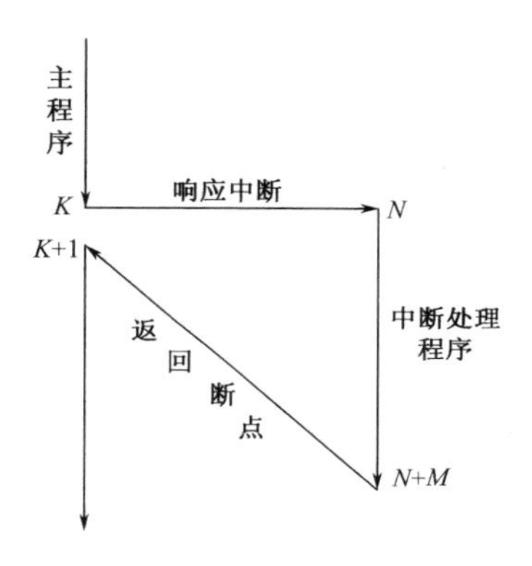

图 1-17　程序中断方式示意图

中断的处理过程实际上是程序的切换过程，即从现行程序切换到中断服务程序，再从中断服务程序返回到现行程序。CPU 每次执行中断服务程序前总要保护断点、保护现场，执行完中断服务程序返回现行程序之前又要恢复现场、恢复断点。这些中断的辅助操作都会限制数据传送的速度。

主机与设备并行工作原理图如图 1-18 所示。

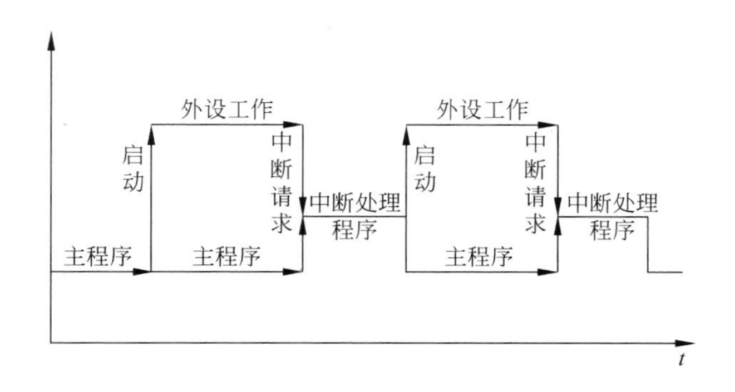

图 1-18　主机与设备并行工作原理图

3. DMA 方式

（1）DMA 方式的提出

中断方式利用程序保护和恢复现场，再加上执行中断服务程序，占用主机时间过多，而高速设备如磁盘、磁带等读出两个数据的间隔是很短的，如使用中断控制方式，不但 CPU 的工作效率很低，而且可能丢失数据。因此提出一种新的 I/O 控制方式——直接存储器访问方式（Direct Memory Access），简称 DMA 方式，使得设备与存储器直接交换数据，不再经过 CPU，不破坏 CPU 现场，也就不需保护现场和恢复现场，DMA 控制器代行 CPU 部分职能，大大加速了数据传输过程，减少了 CPU 管理 I/O 的负担，提高了高速设备传送数据的可靠性。

（2）两类 DMA 控制器

设备采用 DMA 方式传送数据时，必须在硬件上设置 DMA 控制器，当 CPU 交出总线控制权后，由 DMA 控制器控制总线完成主存的读写操作，实现 I/O 与主存间直接传送数据。按 DMA 控制对象可分为两类：一种是专用 DMA，这种方式速度高，其结构如图 1-19 所示。

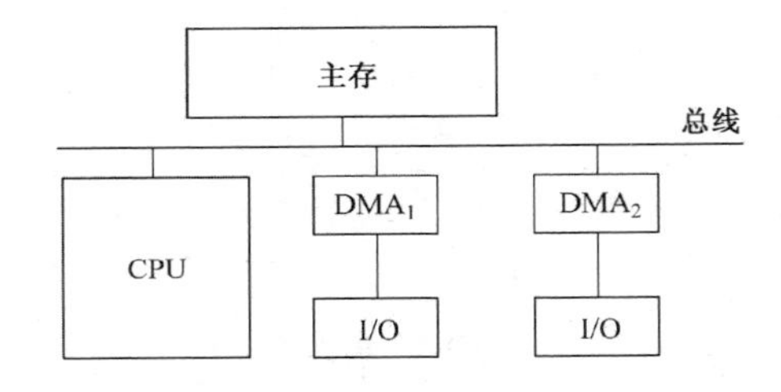

图 1-19 专用 DMA 方式

另一种是通用 DMA，此时 DMA 控制器由几台设备共用，提高了设备利用率，但数据传输速度上受到一定影响，其结构框图如图 1-20 所示。

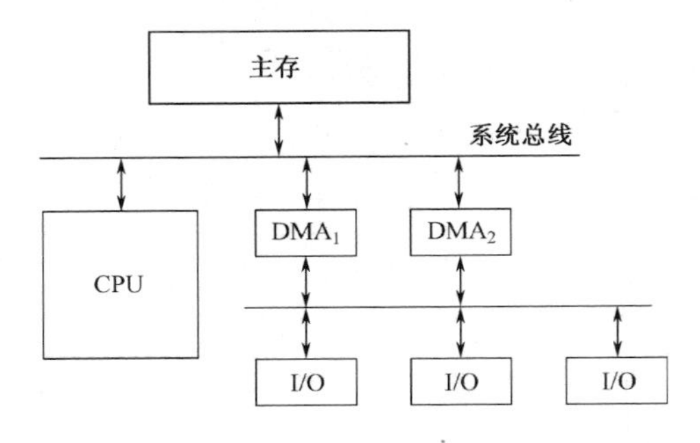

图 1-20 通用 DMA 方式

（3）DMA 方式传送数据原理

主机响应设备的 DMA 请求后，交出总线控制权，由 DMA 控制器代替 CPU 控制主存读写操作。DMA 控制器主要包括交换数据的主存单元地址寄存器、设备地址寄存器、交换数据的缓冲寄存器、交换数据的字数计数器、控制和状态寄存器等。

DMA 工作过程：

① 传送前，CPU 利用指令预置 DMA 控制器、设备地址，并启动设备；预置主存单元

起始地址，指定与设备交换数据的主存单元；预置交换数据的字数，DMA 方式传送数据为成批传送，需预先指定交换数据的个数；预置读写控制方式。

② CPU 执行主程序，与设备并行工作。

③ 输入设备操作完成时设备已准备好数据，则向 CPU 发 DMA 请求。

④ CPU 响应 DMA 请求，交出总线控制权，转入 DMA 周期。DMA 发出主存单元地址及读写控制命令，与主存交换数据。DMA 控制器与主存每交换一个数据字，其主存地址寄存器加 1，交换字数寄存器减 1。

⑤ DMA 控制器占据一个总线周期，交换一个数据后交出总线控制权，并检查交换字数计数器的内容是否为“0”，如果不为 0，继续由设备取得数据（输入时）。当 DMA 控制器取得数据后，再次向 CPU 发出 DMA 请求。这种交换方式又叫周期窃取方式。

⑥ 如果 DMA 控制器中交换字数计数器的内容为“0”时，表明这次数据传输的任务已经完成，DMA 向 CPU 发出中断请求，进行结束传输的处理工作，如校验，清除设备等。

4．通道方式

在大型计算机系统中，所连接的 I/O 设备数量多，输入/输出频繁，要求整体的速度快，单纯依靠主 CPU 采取程序中断和 DMA 等控制方式已不能满足要求，于是通道控制方式被引入计算机系统。

（1）通道的功能

① 接受 CPU 的 I/O 指令，按指令要求与指定的外设进行联系；

② 从主存取出属于该通道程序的通道指令，经译码后向设备控制器和设备发送各种命令；

③ 实施主存和外设间的数据传送，如为主存或外设装配和拆卸信息，提供数据中间缓存的空间以及指示数据存放的主存地址和传送的数据量；

④ 从外设获得设备的状态信息，形成并保存通道本身的状态信息，根据要求将这些状态信息送到主存的指定单元，供 CPU 使用；

⑤ 将外设的中断请求和通道本身的中断请求按次序及时报告 CPU。

（2）通道类型

按照通道独立于主机的程度，可分为结合型通道和独立型通道两种类型。结合型通道在硬件结构上与 CPU 结合在一起，借助于 CPU 的某些部件作为通道部件来实现外设与主机的信息交换。这种通道结构简单，成本较低，但功能较弱。独立型通道完全独立于主机对外设进行管理和控制。这种通道功能强，但设备成本高。

① 字节多路通道

字节多路通道是一种简单的共享通道，用于连接与管理多台低速设备，以字节交叉方式传送信息。字节多路通道先选择设备 A，为其传送一个字节 A1；然后选择设备 B，传送字节 B1；再选择设备 C，传送字节 C1。再交叉地传送 A2、B2、C2、…所以字节多路通道的功能好比一个多路开关，交叉（轮流）地接通各台设备。图 1-21 为字节多路通道传送方式示意图。

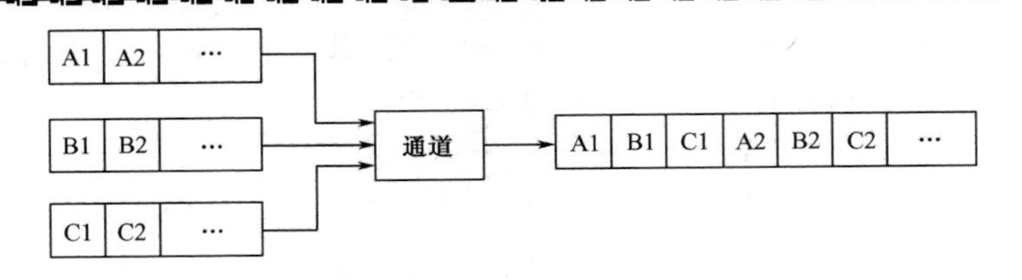

图 1-21　字节多路通道传送方式示意图

② 选择通道

对于高速设备，字节多路通道显然是不合适的。选择通道又称高速通道，在物理上它也可以连接多个设备，但这些设备不能同时工作，在一段时间内通道只能选择一台设备进行数据传送，此时该设备可以独占整个通道。因此，选择通道一次只能执行一个通道程序，只有当它与主存交换完信息后，才能再选择另一台外部设备并执行该设备的通道程序。选择通道先选择设备 A，成组连续地传送 A1、A2、…当设备 A 传送完毕后，选择通道又选择通道 B，成组连续地传送 B1、B2、…再选择设备 C，成组连续地传送 C1、C2、…。图 1-22 为选择通道传送方式示意图。

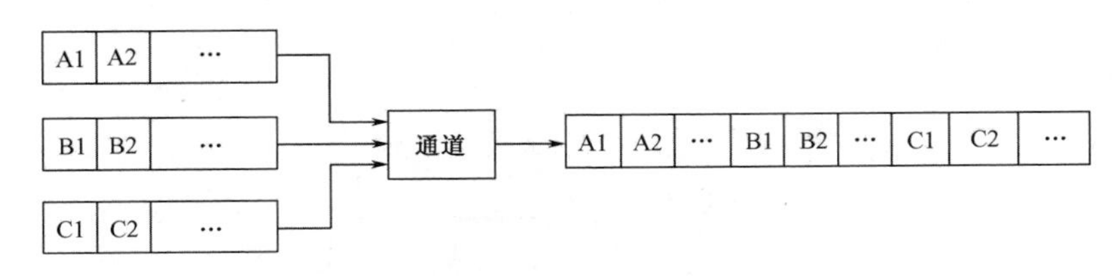

图 1-22　选择通道传送方式示意图

③ 数组多路通道

数组多路通道是把字节多路通道和选择通道的特点结合起来的一种通道结构。它的基本思想是：当某设备进行数据传送时，通道只为该设备服务；当设备在执行辅助操作时，通道暂时断开与这个设备的连接，挂起该设备的通道程序，去为其他设备服务。

数组多路通道有多个子通道，既可以执行多路通道程序，即像字节多路通道那样，所有子通道分时共享总通道，又可以用选择通道那样的方式成组地传送数据；既具有多路并行操作的能力，又具有很高的数据传输速率，使通道的效率充分得到发挥。

1.2.4　外围设备

中央处理器（CPU）和主存储器（MM）构成计算机的主机。除主机以外，而又围绕着主机设置的各种硬件装置称为外部设备或外围设备。它们主要用来完成数据的输入、输出、成批存储以及对信息加工处理的任务。计算机的外围设备种类日益复杂和多样，下面仅介绍几种常见的输入/输出设备。

1. 键盘

键盘是最重要的字符输入设备，其基本组成元件是按键开关，通过识别所按按键产生的二进制信息，并将信息送入计算机中，完成输入过程。一般键盘盘面分成 4 个键区：打字键盘区称为英文主键盘区，或字符键区；数字小键盘区又称副键盘区，在键盘盘面右侧；功能键区位于盘面上部；以及屏幕编辑键和光标移动键区。

微机常用 84 键的基本键盘和 101 键的通用扩展键盘。随着计算机网络发展，键盘键数已经增加到 104、105 键。键盘通过主板上的键盘接口与主机相连。

键盘基本部件是按键开关。开关的种类有很多，一般分为触点式和无触点式两类。

（1）键盘的基本工作原理

最简单的键盘用一个按键对应一根信号线，根据这根信号线上的电位，检测对应键是否被按下。其缺点是当键数很多时，连线很多，结构比较复杂。

通常使用的键盘采用阵列结构，设有 $m \times n$ 个按键，组成一个 m 行 n 列的矩阵，只要有 $m+n$ 根连线就可判别哪一个按键被按下了。每按一个键传送一个字节数据，完成一个字节数据的输入。例如，一个键盘有 64 个键，用 8 行和 8 列的矩阵表示，根据某行某列的输出线上的电位可以唯一判定是哪个键被按下了，如图 1-23 所示。

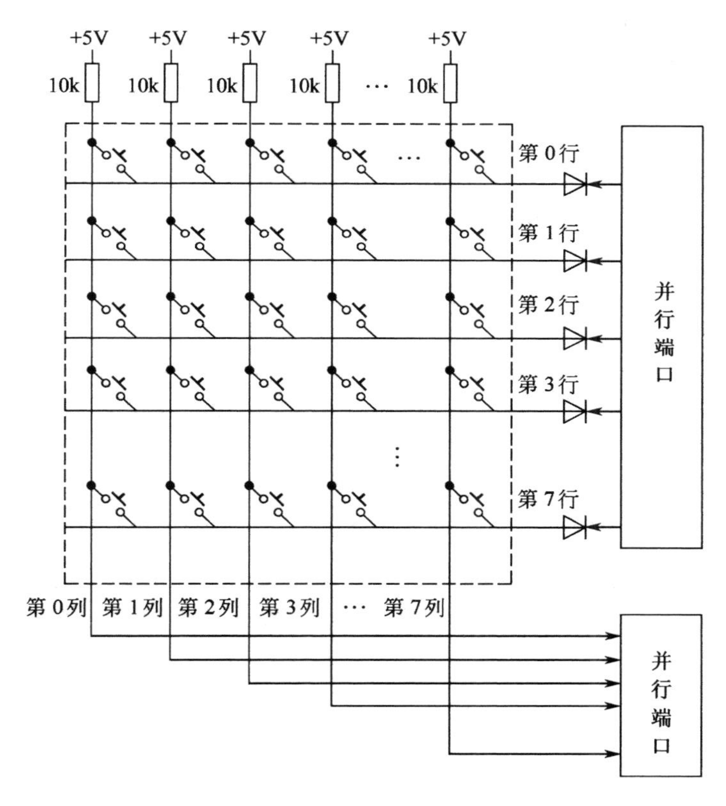

图 1-23　8×8 键位识别原理图

（2）按键识别

按键识别常使用行扫描法，先使第 0 行行线接地，若第 0 行中有一个按键被按下，则闭合按键的对应列线上输出低电位，表示第 0 行和此列线相交的位置上的键被按下。若各列线输出均为高电位，表示第 0 行上没有按键被按下。然后再将下一行线接地，检查各列线中有没有输出为低电位者，如此一行一行地扫描，直到最后一行。在检测过程中，当发现某一行有键闭合时，即列线输出中有 1 位为低电位时，使扫描中途退出，逐位检查是哪一列的列线为低电位，从而准确确定闭合键的位置。

按键识别的第二种方法是行反转法，其工作原理为：先向全部行线送上低电平，读出列线上的电位值，如果此时有一按键闭合，则必有某一列线的电位为低电位，将各位列线之值存放在对应寄存器中，再反过来，将刚才接收的数值再一一对应地加在各位列线上（即原来读出为低电位的列线加低电位，其他列线加高电位），再读行线上的电位，若某行线为低电位，则即可确定闭合按键的位置。

根据行线位置和列线位置，通过查按键表，可查到对应按键的ASCII码。

（3）重键

如果按键时不小心，同时按下两个键（称为重键），则刚读出的行号和列号中有两个为零，查表时，也查不到这个编码的值，可判为重键，将重新检测按键位置，这种方法方便地解决了重键问题。

2. 鼠标

鼠标（mouse）因其外形像一只拖着长尾巴的老鼠而得名。利用鼠标可以方便地指定光标在显示屏幕上的位置，比用键盘上的光标移动键移动得快并且方便。

（1）鼠标分类

① 机械鼠标。由于其编码电路的接点颤动会影响精度，需要增加补偿电路，并且触点也易磨损。

② 光学鼠标。使用方便，工作可靠，精度较高，但进一步提高分辨率受到限制。

③ 光学机械鼠标。有上述两者的长处，现在大多数高分辨率鼠标均为光学机械鼠标。

（2）性能指标

鼠标的性能指标主要是指分辨率，即鼠标每移动 1 英寸所能检出的点数（dpi），目前鼠标的分辨率为 200～3600dpi。传送速率一般为 1200bps。鼠标按钮数为 2～3 个。使用鼠标时，滑动鼠标使屏幕上的光标移到指定位置，然后按动一次按钮或快速连续按动两次按钮，即可完成软件指定的功能。

鼠标与主机连接常使用串行接口。直接插入 COM1 或 COM2 RS232 接口即可。

（3）其他定位设备

随着便携式计算机的发展，传统鼠标器已不能适应新的要求，又出现了一些新的定位设备。

① 轨迹球

轨迹球的结构颇像一个倒置的鼠标，好像在小圆盘上镶嵌一颗圆球。轨迹球的功能与鼠标相似，朝着指定的方向转动小球，光标就在屏幕上朝着相应的方向移动。

② 跟踪点

跟踪点是一个压敏装置，只有铅笔上的橡皮大小，所以可嵌在按键之间，用手指轻轻推它，光标就朝着指点的方向移动。

③ 触摸板

触摸板是一种方便的输入设备，它的表面对压力和运动敏感，当用手指轻轻在触摸板滑动时，屏幕上的光标就同步运动。有的触摸板周围设有按钮，其作用与鼠标的按钮相同，另一些触摸板，则是通过轻敲触摸板表面完成与点击鼠标相同的操作。

3. 显示设备

计算机运行程序结束后，其处理结果以二进制数的形式存放在主存中，计算机必须把二进制数据表示的运算结果转换成人们习惯上使用的直观方式，通过输出设备告诉用户。常见的输出设备有显示器、打印机、绘图仪等。

显示器由监视器和显示控制适配器（又叫显示卡）两部分组成，用于显示多种数据、字符、图形或图像。

显示器种类很多，技术上发展很快，按照采用的显示器件可分为阴极射线管（CRT）显示器、液晶显示器（LCD）、等离子体显示器；按照显示的内容可分为字符显示器、图形显示器、图像显示器。CRT 显示器是在电视技术基础上发展起来的，有黑白显示器和彩色显示器两种。按照显示管显示屏幕对角线尺寸分为 12 英寸、15 英寸、17 英寸、19 英寸等多种。按照屏幕上每屏显示光点的数目，可分为高分辨率显示器、中分辨率显示器和低分辨率显示器。

（1）图形和图像

图形是指没有亮暗层次的线条图，如电路图、机械零件图、建筑工程图等，使用点、线、面、体生成的平面图和立体图。

图像是指摄像机拍摄下来的照片、录像等，是具有亮暗层次的图片。经计算机处理并显示的图像，需将每幅图片上的连续的亮暗变化变换为离散的数字量，逐点存入计算机，并以点阵方式输出，因此图像需要占用庞大的主存空间。

（2）光点的生成与控制

显示器上的图形和图像是由许多光点组成的，光点越细、越密，生成的图像质量越高。

阴极射线管屏幕上的光点是由电子束打到荧光屏上形成的。

彩色CRT 有三个电子枪，分别对应红、绿、蓝三种基色，荧光屏上涂的彩色荧光粉，按三基色叠加原理形成彩色图像。

显示器中电子束的扫描规律与电视类似，分为隔行扫描和逐行扫描两种。隔行扫描是扫完第一行后扫第三行，依此类推；逐行扫描是扫完第一行，再扫描第二行，依此类推。

（3）分辨率与灰度级

分辨率是指整个荧光屏上所能显示的光点数目，即像素的多少。像素个数越多，显示器的分辨率越高。

灰度级指每个光点的亮暗级别，在彩色显示器中表现为每个像素呈现不同的颜色的种类。灰度级越多，图像的亮暗层次表现越细腻、越逼真。每个像素的灰度级用若干位二进制数表示，若用 16 位表示一个像素的灰度级，则可表示 2^{16}=65536 级灰度或 65536 种颜色。黑白显示器的灰度级别只有二级，用 1 位二进制数“0”或“1”表示该亮点亮或不亮。

当然表示一个像素的灰度级的位数越多，刷新存储器的容量越大。例如，分辨率为 640×480 的显示器共有 307200 个像素，每个像素用 16 位表示灰度级，共需 614400B。

（4）刷新和刷新存储器

CRT 显示器为使人眼看到稳定图像，需在亮点消失前，重新扫描显示一遍，这个过程叫刷新（refresh）。每秒刷新次数叫刷新频率，根据人眼视觉暂留原理，刷新频率大于 30 次/s，眼睛就不会感到闪烁，显示器沿用电视制定的标准是刷新 50 次/s，又叫刷新 50 帧（frame）/s，一帧就是满屏全部像素，即一幅画面。

为了满足刷新图像的要求，必须把一帧图像的全部像素信息保存起来，存储一帧图像全部像素数据的存储器，称为刷新存储器，也叫视频存储器（VRAM）。显然刷新存储器的容量决定于显示器的分辨率和灰度级。

例如，分辨率为1024×1024，灰度级为256级的显示器，其刷新存储器的容量为：

$$1024\times1024\times8b=1MB$$

另外刷新存储器的读写周期应能满足每秒刷新50次的要求。在上例中，显然要求1秒内至少读出50MB。

（5）光栅扫描和随机扫描

光栅扫描要求图像充满整个画面，电子束扫过整个屏幕。光栅扫描是从上到下顺序逐行扫描或隔行扫描，现在显示器中多采用逐行扫描方法。

随机扫描指电子束只在需要作图的地方扫描，不必扫描全屏，因此扫描速度快，图像清晰，但控制复杂，价格较贵。

4．打印设备

打印机是计算机系统的主要输出设备之一，打印机的功能是将计算机的处理结果以字符或图形的形式印刷到纸上，转换为书面信息，便于人们阅读和保存。由于打印输出结果能永久性保留，故称为硬复制输出设备。

按照打印的工作原理不同，打印机分为击打式和非击打式两大类。击打式打印机是利用机械作用使印字机构与色带和纸相撞击而打印字符的，它的工作速度不可能很高，而且不可避免地要产生工作噪声，但是设备成本低。非击打式打印机是采用电、磁、光、喷墨等物理或化学方法印刷出文字和图形的，由于印字过程没有击打动作，因此印字速度快、噪声低，但一般不能复制多份。

打印机按照输出工作方式可分为串式打印机、行式打印机和页式打印机3种。串式打印机是单字锤的逐字打印，在打印一行字符时，不论所打印的字符是相同或不同的，均按顺序沿字行方向依次逐个字符打印，因此打印速度较慢。行式打印机是多字锤的逐行打印，一次能同时打印一行（多个字符），打印速度较快。页式打印机一次可以输出一页，打印速度最快。

打印机按印字机构不同，可分为固定字模（活字）式打印和点阵式打印两种。字模式打印机是将各种字符塑压或刻制在印字机构的表面上，印字机构如同印章一样，可将其上的字符在打印纸上印出；而点阵式打印机则借助于若干点阵来构成字符。字模式打印的字迹清晰，但字模数量有限，组字不灵活，不能打印汉字和图形，所以基本上已被淘汰。点阵式打印机以点阵图拼出所需字形，不需固定字模，它组字非常灵活，可打印各种字符（包括汉字）和图形、图像等。

常见的打印机类型有针式打印机、喷墨打印机和激光打印机。

打印机的主要性能指标：

（1）分辨率

打印机的打印质量是指打印出的字符的清晰度和美观程度，用打印分辨率表示，单位为每英寸打印多少个点（DPI）。

（2）打印速度

不同类型的打印机具有不同的打印速度，每种类型又有高、中、低速之分。

（3）打印幅面

一般家庭用户多使用A4幅面。

（4）接口方式

打印机的接口大多数均为标准配置并行接口。

（5）缓冲区

最简单的缓冲区只能存放一行打印信息，通常≤256 个字节，主机只能送一行信息给打印机。当这一行信息打印完后，即清除掉缓冲区的信息，并告诉主机“缓冲区空”，主机将再发送新的信息给打印机，如此反复直到所有信息打印完毕为止。缓冲区越大，一次输入数据就越多，打印机处理打印所需的时间就越长，因此，与主机的通信次数就可以减少，使主机效率提高。

习题 1

一、填空题

1．冯・诺依曼型计算机的硬件系统主要有________、________、________、________和_________五大部件组成。

2．一个完整的计算机系统由____________和____________两部分组成。

3．微型计算机的 CPU 是由_________、_________和寄存器组等组成的。

4．微型计算机的各组成部件是通过系统_______相互连接的。

5．扫描仪、数码照相机属于多媒体计算机的视频输____设备，扬声器、耳机属于多媒体计算机的音频输____设备，CD-ROM 和 DVD 光盘属于多媒体计算机的________设备。

6．微机中连接各硬件模块的纽带称做________。

7. 实现输入/输出数据传送控制方式分为程序控制方式、_________方式、_________方式和_________方式等四种。

8. 通道的类型包括_______、_______和_________。

9. 键盘是最重要的字符输入设备，根据按键开关种类不同，一般可以分为_______和_________两类。

10. 随着便携式计算机的发展，出现了一些新的定位设备，比如_______、_________等。

11. 常用的打印设备有_________打印机、_________打印机、_________打印机。

二、单项选择题

1．微型计算机的 CPU 可以直接访问的存储器是（　　　　）。

　A. 内存　　　B. 软盘　　　C. 硬盘　　　D. 光盘

2．在微型计算机中，输入/输出接口位于（　　　　）之间。

　A. CPU 与总线　　　B. CPU 与内存

　C. 内部总线与外部总线　　　D. 总线与输入/输出设备

3．微机与并行打印机连接时，应将信号线插头插在（　　　　）。

　A. 扩展插口上　　　B. 串行插口上　　　C. 并行插口上　　　D. 串并行插口上

4．计算机的外存储器通常比内存储器（　　　　）。

　A. 容量大速度快　　　B. 容量小速度慢

　C. 容量大速度慢　　　D. 容量小速度快

5．为了使 CPU 完成一步基本运算或判断，必须执行一个（　　　　）。

A. 软件　B. 硬件　C. 指令　D. 语言

6. 一台能正常工作的微机可以没有（　　）。

A. 打印机　B. 键盘　C. 显示器　D. 主机

7. 主机、外设不能并行工作的方式是（　　）。

A. 程序查询方式　B. 中断方式　C. 通道方式　D. 直接内存访问方式

8. DMA 方式是在（　　）之间建立直接的数据通路。

A. CPU 与外围设备　B. 主存与外围设备

C. 外设与外设　D. CPU 与主存

9. 字节多路通道上可连接若干低速设备，其数据传送是以（　　）为单位进行的。

A. 字节　B. 数据块　C. 字　D. 位

10. 下面设备中属于输出设备的是（　　）。

A. 扫描仪　B. 触摸屏　C. 摄像机　D. 键盘

11. CRT 的分辨率为 1024×1024 像素，像素的颜色数为 256，则刷新存储器的容量是（　　）。

A. 256KB　B. 512KB　C. 1MB　D. 8MB

12. 分辨率一般为（　　）。

A. 能显示多少个字符　B. 能显示的信息量

C. 横向像素点数和纵向像素点数　D. 能显示的颜色数

13. 液晶显示器与 CRT 显示器相比，其主要优点是（　　）。

A. 颜色丰富　B. 分辨率高　C. 无辐射　D. 色彩亮丽

14. 显示器分辨率指的是整屏可显示像素的多少，这与屏幕的尺寸和点距密切相关。15 英寸的显示器，水平和垂直显示的实际尺寸大约为 280mm×210mm，当点距是 0.28mm 时，其分辨率大约是（　　）。

A. 800×600　B. 1024×768　C. 1600×1200　D. 1280×1024

三、简答题

1. 目前，微型计算机标准配置中的内存与外存有哪几种？试简述计算机内存与外存的优缺点。
2. 外部设备有哪些功能？可以分为哪些大类？各类中有哪些典型设备？
3. 比较通道、DMA、中断三种基本 I/O 方式的异同点。

四、实践题

计算机市场调研

个人配置计算机，主要应考虑计算机的应用目的、性能、价格，另外，还需要考虑机器的可扩充性、部件间的兼容性和个人的经济能力。请通过 Internet 网络调查计算机的配件，选择最适合自己的购机方案。

市场调研计算机配件表

配件名称	型　号	厂　家	作　用	参考价格	备　注

参考网址：

http://mydiy.pconline.com.cn/index.jsp	太平洋电脑网
http://www.cfan.cn.net	电脑爱好者
http://www.ccw.com.cn	计算机世界
http://www.itsum.com	中关村导购网

第 2 章　计算机中的信息表示

现代计算机有数字电子计算机和模拟电子计算机两大类。目前大量使用的计算机属于数字电子计算机，它能接受 0、1 形式的数字数据（二进制数据）。但是现实中需要计算机处理的信息形式各种各样，可以分为数值数据和非数值数据两大类。对于数值数据，现实生活中人们习惯于使用十进制数形式，有正数与负数之分，那十进制数形式怎样转换为二进制数形式在计算机中存储以及数值的正负在计算机中怎么表示呢？另一大类非数值数据包括文字、声音、图形图像等，它们又怎样表示成二进制编码形式呢？带着这些疑问来学习本章内容。本章主要介绍数值数据和非数值数据在计算机中的表示方法。

2.1　计算机数值数据的表示

2.1.1　数制与数制间的转换

1．数制的概念

数制就是计数的方法，指用一组固定的符号和一套统一的规则来表示数值（数的多少）的方法，如在计数过程中采用进位的方法，则称为进位计数制。常见的计数制为十进制，在计算机中采用二进制、八进制、十六进制。

进位计数制有数码、基数、位权三个要素：

（1）数码：是指在某种进位计数制中允许使用的计数符号，一般用 k 表示。比如十进制的数码 k=0～9，共计 10 个计数符号；二进制的数码 k=0，1，共计 2 个计数符号；八进制的数码 k=0～7，共计8个计数符号；十六进制的数码为 k=0～9，A～F，共计 16 个计数符号。

（2）基数：指在某种进位计数制中，允许使用的数码的个数，一般用 R 表示。例如，十进制、二进制、八进制、十六进制的基数 R 分别为 10、2、8、16。

（3）位权：指在某种进位计数制中，某一数位所代表的大小，例如：十进制数 576 的 7 所在的位置位权为 10，即该位是 1 就代表 10，是 7 就代表 70。显然，位权是以基数为底，数码所在位置的序号为指数的整数次幂。对于一个 R 进制数（即基数为 R），若数位记作 i，则位权可记作 R^i。数位（数码所在位置的序号）是以小数点为中心向左依次为 0、1、2、…、n，向右依次为−1、−2、−3、…−m。如图 2-1 所示。

在计算机中常用数制都有专门的后缀字母表示，用来区别所给的数为几进制数。比如十进制数（Decimal number）用后缀 D 表示或无后缀，计数时具有逢十进一的特点；二进制数（Binary number）用后缀 B 表示，计数时具有逢二进一的特点；八进制数（Octal number）用后缀 Q 表示（注意不是 O，因为 O 与 0 容易混淆），计数时具有逢八进一的特点；十六进制数（Hexadecimal number）用后缀 H 表示，计数时具有逢十六进一的特点。

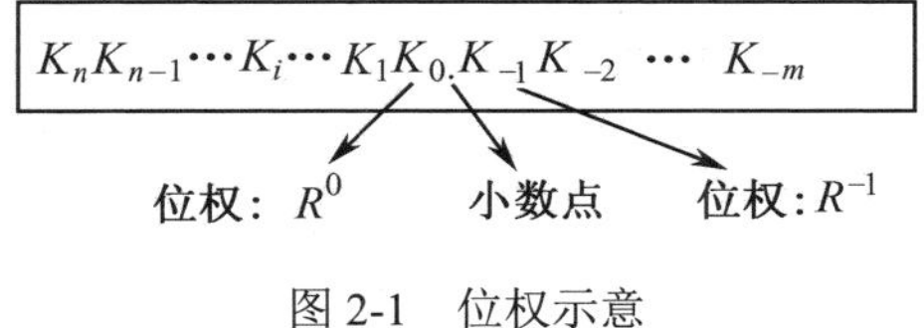

图 2-1　位权示意

2．计算机中为什么要采用二进制

人们在日常生活中习惯使用十进制数，这可能与人有十个手指头是分不开。但是为什么在计算机中不采用十进制数而采用二进制数呢？与十进制数相比较二进制数具有什么优点呢？先来看看计算机中采用哪种计数制主要考虑的原则：物理上是否容易实现；运算方法是否简便；工作是否可靠；器材是否节省。

下面就从这几个方面讨论二进制所具有的特点：

（1）二进制数只使用两种符号“0”和“1”，任何具有两个不同的稳定状态的器件都可用来表示一位二进制数。比如利用电位高低、脉冲有无、磁性材料的两种磁化状态等都可以用来表示数“0”和“1”，而且对于数的存储、传送、识别也是很方便的，实现起来比较容易，也比较可靠。

（2）运算规则简单。十进制数的运算规则最基本的是求两个一位数的和与积，其加法规则及乘法规则各有 10×（10＋1）÷2=55 个，要求机器具备这种计算能力，显然是很复杂的。

采用二进制数，加法和乘法规则各有 2×（2＋1）÷2=3 个，而被运算的数只是“0”和“1”，因而运算规则特别简单。

加法规则：　0＋0=0
　　　　　　0＋1=1＋0=1
　　　　　　1＋1=10

乘法规则：　0×0=0
　　　　　　0×1=1×0=0
　　　　　　1×1=1

（3）节省器材。如有一个 n 位 R 进制的数，它能表示的数的个数是 R^n 。3 位十进制数可以表示 0～999 共 1000 个数，共需 $n\times R$=3×10=30 个物理状态。若采用二进制数表示十进制数 1000，则需 10 位，即 2^{10}=1024，需要 $n\times R$=10×2=20 个物理状态，显然，二进制要比十进制更节省器材。

（4）二进制数包含二个变量，“0”和“1”，可以用来表示逻辑变量“真”和“假”，在处理逻辑思维问题和在人工智能领域中具有巨大意义。

二进制与十进制相比有如上这些优点，但它也还存在一些缺点，比如用二进制表示同样一个数，用的位数较多，读起来不方便，与人们习惯不同，不直观。在使用上，输入时要把十进制数转化成二进制数才能在机器中处理；计算结果输出时，还需把二进制数转化成十进制数，也显得不方便。

你知道吗?

是谁发明了二进制？一直以来说法不一，有人认为是莱布尼茨，但也有人认为是古老的中国人。从目前已知的中西方历史文献中可以得知二进制源于中国的“先天图”（即八卦图），在太极阴阳八卦中有“阴阳是两仪、两仪生四象、四象生八卦、八八六十四卦”的数学模型。而且伏羲的“先天图”要比莱布尼茨所谓的发明二进制早近半个世纪。

3．不同数制间的转换

（1）二进制、八进制、十六进制转换为十进制

根据前面介绍的位权的概念，二进制、八进制、十六进制可以通过按权展开的方法得到其相应的十进制数。

【例 2-1】 将二进制数 110010.011B 转换为十进制数

解： 按权展开

$110010.011B=1\times2^5+1\times2^4+0\times2^3+0\times2^2+1\times2^1+0\times2^0+0\times2^{-1}+1\times2^{-2}+1\times2^{-3}$

$=32+16+2+0.25+0.125$

$=50.375$

【例 2-2】 将十六进制数 7AB. F8 转换为十进制数

解： 按权展开

$7AB.F8=7\times16^2+A\times16^1+B\times16^0+F\times16^{-1}+8\times16^{-2}$

$=1792+10\times16+11+15\times16^{-1}+0.03125$

$=1963.96875$

通过上面两个例子的介绍，我们可以得到这样一个 R 进制数转换为十进制数的通用式子：

$K_nK_{n-1}\cdots K_i\cdots K_1K_0K_{-1}K_{-2}\cdots K_{-m}$　　K_i 取值为 0、1、2、…、$R-1$

$=K_n\times R^n+K_{n-1}\times R^{n-1}+\cdots+K_i\times R^i+\cdots+K_1\times R^1+K_0\times R^0+K_{-1}\times R^{-1}+K_{-2}\times R^{-2}+\cdots+K_{-m}\times R^{-m}$

$=\sum_{i=-m}^{n}K_iR^i$

（2）十进制转换为二进制、八进制、十六进制

十进制数转换为二进制、八进制、十六进制数时，十进制整数部分采用除以 2、8、16 取余，也就是除以基数取余；十进制小数部分采用乘以基数取整的方法。下面通过一个十进制数转换为二进制数的例子介绍具体转换的方法。

【例 2-3】 将十进制数 123.625D 转换为二进制数

解：（1）先转换整数部分：

$123\div2=61$	余数为 1
$61\div2=30$	余数为 1
$30\div2=15$	余数为 0
$15\div2=7$	余数为 1
$7\div2=3$	余数为 1
$3\div2=1$	余数为 1
$1\div2=0$	余数为 1　…至此已除完

读数时由下向上读，也就是最先得到的余数为最低位，最后得到的余数为最高位。

123D=1111011B

也可以采用倒除法（竖式）更直观一些，如：

除数	被除数/商	余数：	位置：
2	123		
2	61	……………1	K_0
2	30	……………1	K_1
2	15	……………0	K_2
2	7	……………1	K_3
2	3	……………1	K_4
2	1	……………1	K_5
	0	……………1	K_6

（2）再转换小数部分：0.625×2=1.25　　取出整数 1

0.25×2=0.5　　取出整数 0

0.5×2=1.0　　取出整数 1

读数时由上向下读，也就是最先得到的整数为最高位，最后得到的整数为最低位。

0.625D=0.101B

将两部分合并起来得到：

123.625D=1111011.101B

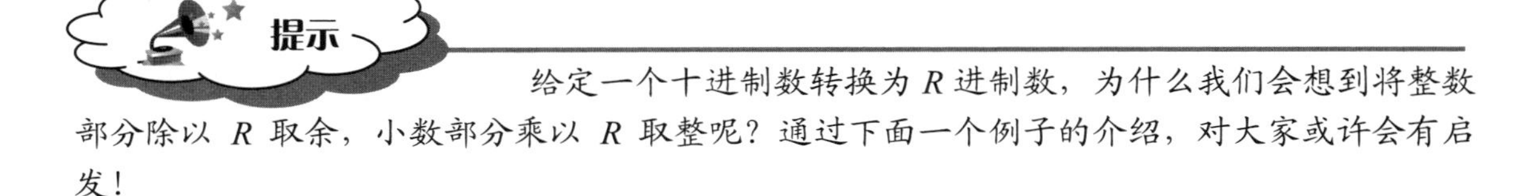

给定一个十进制数转换为 R 进制数，为什么我们会想到将整数部分除以 R 取余，小数部分乘以 R 取整呢？通过下面一个例子的介绍，对大家或许会有启发！

【例 2-4】将十进制数 25D 转换为二进制数

假设：25D 可以转换为这样的二进制数 $K_nK_{n-1}\cdots K_i\cdots K_1K_0$B

问题在于每一位的 K_i 取何值，要么是“1”，要么是“0”。现将二进制数按权展开为：

$$25D=K_n\times2^n+K_{n-1}\times2^{n-1}+\cdots+K_i\times2^i+\cdots+K_1\times2^1+K_0\times2^0\,D$$

两边同除以 2，可得

$$11+\frac{1}{2}=K_n\times2^{n-1}+K_{n-1}\times2^{n-2}+\cdots+K_i\times2^{i-1}+\cdots+K_1\times2^0+\frac{K_0}{2}$$

比较等式两边可以发现，K_0=1，然后将两边的小数部分舍去，只留下整数部分，两边再同除以 2，按照上述方法可以依次得到 K_1、K_2、K_3…直到整数部分为零为止。

课堂讨论

上面在提示中介绍了一个十进制数转换为 R 进制数时可采用“整数部分除以 R 取余”得到各二进制数位的值，请大家按照同样的道理，讨论“小数部分乘以 R 取整”的方法，可举例说明。

十进制转换为八进制、十六进制的方法与前述方法类似，不再赘述。转换为十六进制数时要注意：整数部分得到的余数和小数部分得到的整数大于 9 时，用 A 表示 10，用 B 表示 11，C 表示 12，D 表示 13，E 表示 14，F 表示 15 即可。

（3）二进制与八进制、十六进制之间的转换

由于采用二进制表示数时，位数较多，读起来不方便，故在计算机中多采用八进制、十六进制表示数。二进制与八进制、十六进制之间的转换比较方便。

① 二进制与八进制之间的转换

由于 $2^3=8$，可得 3 位二进制数可用 1 位八进制数表示，1 位八进制数可转换为 3 位二进制数。转换的具体方法是：

二进制转换为八进制：以小数点为分界线，整数部分从低位向高位，小数部分从高位向低位，每 3 位二进制数为一组，不足 3 位的，整数部分在高位补 0，小数部分在低位补 0，然后分别用 1 位八进制数来表示这些分组即可，举例说明。

【例 2-5】将二进制数 11101.0101B 转换为八进制数

解：

$$\underbrace{0\ 1\ 1}_{3}\ \underbrace{1\ 0\ 1}_{5}\ .\ \underbrace{0\ 1\ 0}_{2}\ \underbrace{1\ 0\ 0}_{4}$$

11101.0101B=35.24Q

八进制转换为二进制是二进制转换为八进制的逆过程，可以将每位八进制数替换为 3 位二进制数即可。

【例 2-6】将八进制数 413.56Q 转换为二进制数

解：

$$\overbrace{100}^{4}\ \ \overbrace{001}^{1}\ \ \overbrace{011}^{3}\ .\ \overbrace{101}^{5}\ \ \overbrace{110}^{6}$$

413.56Q=100001011.10111B

② 二进制与十六进制之间的转换

由于 $2^4=16$，可得 4 位二进制数可用 1 位十六进制数表示，1 位十六进制数可转换为 4 位二进制数。转换的具体方法与二进制与八进制之间的转换类似，不再赘述。

【例 2-7】将二进制数 11110101100.01011B 转换为十六进制数

解：

$$\underbrace{0111}_{7}\ \underbrace{1010}_{A}\ \underbrace{1100}_{C}\ .\ \underbrace{0101}_{5}\ \underbrace{1000}_{8}$$

11110101100.01011B=7AC.58H

【例 2-8】将十六进制数 D4E.F8H 转换为二进制数

解：

$$\underbrace{1101}_{D}\ \underbrace{0100}_{4}\ \underbrace{1110}_{E}\ .\ \underbrace{1111}_{F}\ \underbrace{1000}_{8}$$

D4E.F8H=110101001110.11111B

③ 八进制与十六进制之间的转换

由于八进制与二进制之间的转换、十六进制与二进制之间的转换都比较方便，因此八进制与十六进制之间的转换通常可以借助于二进制来实现，可以先将八进制（十六进制）转换为二进制，然后再将该二进制转换为十六进制（八进制）。

2.1.2　数值信息在计算机中的表示

1．无符号数与带符号数

在计算机中，采用数字化方式来表示数据，数据有无符号数和带符号数之分。无符号数，就是整个机器字长的全部二进制位均表示数值位（没有符号位），相当于数的绝对值。例如：

N_1=01001　　表示无符号数 9

N_2=11001　　表示无符号数 25

机器字长为 $n+1$ 位的无符号数的表示范围是 0～（$2^{n+1}-1$），此时二进制数的最高位也是数值位，其权值等于 2^n。如字长为 8 位，则数的表示范围为 0～255。

但是，实际应用中数据大量还是带符号数，即正、负数。在日常生活中，我们用“＋”、“－”号加绝对值来表示数值的大小，用这种形式表示的数值在计算机技术中称为“真值”。这个数可以是十进制形式，也可以是二进制、八进制、十六进制形式。如：＋562D、－7AB.23H、－1101B、＋234Q 等都是真值形式。对于数的符号“＋”或“－”，计算机是无法直接识别的。因此需要把数的符号数码化。通常，约定二进制数的最高位为符号位，“0”表示正号，“1”表示负号。这种在计算机中使用的数的表示形式称为机器数。常见的机器数有原码、反码、补码 3 种不同的表示形式。

带符号数的最高位被用来表示符号位，而不再表示数值位。前例中的 N_1、N_2 在这里的含义变为：

N_1=01001　　表示＋9。

N_2=11001　　根据机器数的不同形式表示不同的值，如是原码则表示－9，补码则表示－7，反码则表示－6。

为了能正确地区别出真值和各种机器数，本章用 X 表示真值，$[X]_原$表示原码，$[X]_补$表示补码，$[X]_反$表示反码。

2．定点数概念

计算机在进行算术运算时，需要指出小数点的位置。根据小数点的位置是否固定，在计算机中有两种数据格式：定点表示和浮点表示。

在定点表示法中约定：所有数据的小数点位置固定不变。根据小数点约定的位置不同，定点表示法中又可以分为定点整数和定点小数。

定点小数是小数点的位置固定在最高有效数位之前，符号位之后，记作 $X_S.X_1X_2\cdots X_n$，它是一个纯小数。定点小数的小数点位置是隐含约定的，小数点并不需要真正地占据一个二进制位。如图 2-2 所示。

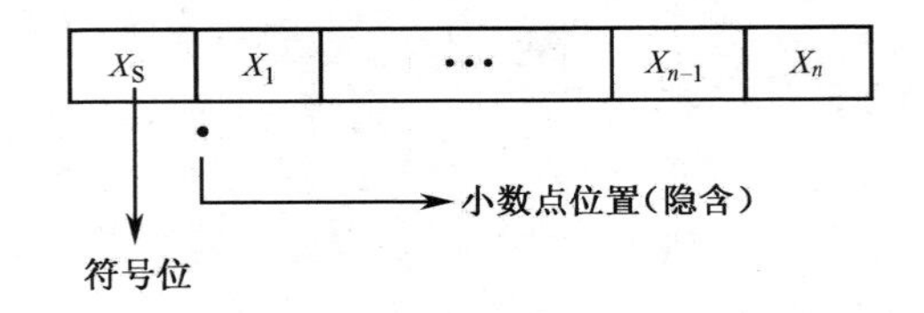

图 2-2　定点小数格式示意

定点整数即纯整数，小数点位置隐含固定在最低有效数位之后，记作 $X_SX_1X_2\cdots X_n$。如图 2-3 所示。

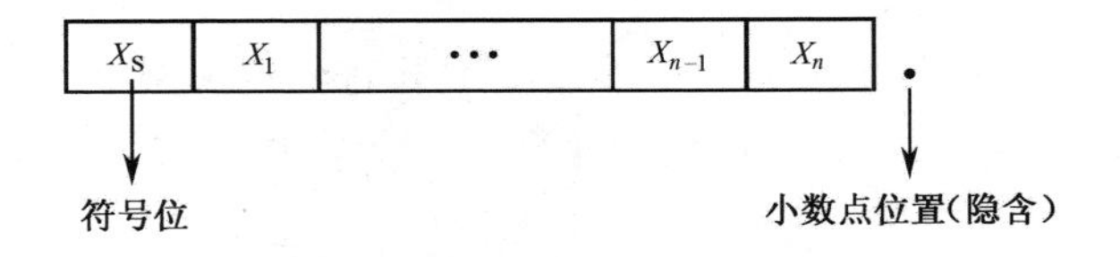

图 2-3　定点整数格式示意

下面分别讨论定点小数和定点整数的几种机器数表示方法。

（1）原码表示法

原码表示法是一种最简单的机器数表示法，又叫符号——绝对值表示法。用最高位表示符号位，符号位为“0”表示该数为正，符号位为“1”表示该数为负，其余代码表示数的绝对值。

设 X 为任意二进制纯小数

若 $X>0$ 为正数，表示为 $X=+0.X_1X_2\cdots X_n$

$$[X]_原=0.X_1X_2\cdots X_n=X$$

若 $X<0$ 为负数，表示为 $X=-0.X_1X_2\cdots X_n$

$$\begin{aligned}[X]_原&=1.X_1X_2\cdots X_n\\&=1+0.X_1X_2\cdots X_n\\&=1-(-0.X_1X_2\cdots X_n)\\&=1-X\end{aligned}$$

若 X=0，则 0 的原码有两种形式：

$$[+0]_{原}=0.00\cdots0$$

$$[-0]_{原}=1.00\cdots0$$

归纳起来，原码的定义为

$$[X]_{原}=\begin{cases} X & 当\ 0\leqslant X\leqslant 1-2^{-n} \\ 1-X=1+|X| & 当\ 2^{-n}-1\leqslant X\leqslant 0 \end{cases}$$

【例 2-9】 X_1=0.0110,　　$[X_1]_{原}$=0.0110

X_2=−0.0110,　　$[X_2]_{原}$=1.0110

若 X 为任意二进制纯整数：

若 X>0 为正数，表示为 $X=+X_1X_2\cdots X_n$

$$[X]_{原}=0X_1X_2\cdots X_n=X$$

若 X<0 为负数，表示为 $X=-X_1X_2\cdots X_n$

$$\begin{aligned}[X]_{原} &=1X_1X_2\cdots X_n \\ &=2^n+X_1X_2\cdots X_n \\ &=2^n-(-X_1X_2\cdots X_n) \\ &=2^n-X \\ &=2^n+|X|\end{aligned}$$

归纳起来则为：

$$[X]_{原}=\begin{cases} X & 当\ 0\leqslant X\leqslant 2^n-1 \\ 2^n-X=2^n+|X| & 当\ 1-2^n\leqslant X\leqslant 0 \end{cases}$$

【例 2-10】 设机器字长为 8 位，有一位符号位：

X_1=+1010,　　$[X_1]_{原}$=00001010

X_2=−1010,　　$[X_2]_{原}$=10001010

原码表示法简单、直观且与真值转换方便。缺点是加减运算不方便。当同号两数相加求和时，数值部分相加，符号不变；当异号两数相加时，先判断绝对值谁大，用绝对值大的数减去绝对值小的数，结果符号取绝对值大的数的符号。这样使得机器结构复杂，运算时间增加。

（2）补码表示法

为了解决异号两数相加和同号两数相减问题，引入补码概念。补码表示法的实质是把减法运算变成加法运算。

减去一个数，可用加上该数的补数来代替，两者对于模数具有同余关系。另外加减其模的整数倍，其值不变。下面通过拨钟表的问题来介绍。

① 模和同余

模是指一个计量器的容量，可用 M 表示。例如：一个 4 位的二进制计数器，当计数器从 0 计到 15 之后，再加 1，计数值又变为 0。这个计数器的容量 $M=2^4=16$，即模为 16。由此可见，一个字长为 $n+1$ 位的纯整数的模为 2^{n+1}，即符号位的进位为模，同理，纯小数的模为 2。

同余是指两整数 A、B 除以同一正整数 M，所得余数相同，则称 A、B 对 M 同余，即

A、B 在以 M 为模时是相等的，可写作

$$A=B\ (\text{mod}\ M)$$

对钟表而言，M=12。假设：时钟停在 8 点，而现在正确的时间是 6 点，这时拨准时钟的方法有两种：正拨和倒拨。

分针倒着旋转 2 圈，等于分针正着旋转 10 圈。故有：$-2=10\ (\text{mod}\ 12)$，即-2 和 10 同余。

$$8-2=8+10\ (\text{mod}\ 12)$$

② 补码表示

补码的符号位表示方法与原码相同，其数值部分的表示与数的正负有关：对于正数，数值部分与真值形式相同；对于负数，将真值的数值部分按位取反，且在最低位上加 1。

一般说：任意一个数 X 的补码，等于该数加上其模数。模数 M 为一个正整数，则

$$[X]_{补}=M+X\ (\text{mod}\ M)$$

当 $X>0$，$[X]_{补}=M+X=X\ (\text{mod}\ M)$

当 $X<0$，$[X]_{补}=M+X=M-|X|\ (\text{mod}\ M)$

对任意一个 $n+1$ 位二进制小数 $X=X_s.X_1X_2\cdots X_n$，其中 X_s 为符号位，其补码为

$$[X]_{补}=\begin{cases} X & 当\ 0\leqslant X\leqslant 1-2^{-n} \\ 2+X & 当-1\leqslant X\leqslant 0\ (\text{mod}\ 2) \end{cases}$$

若 X=0，则 0 的补码为：$[+0]_{补}=[-0]_{补}=0.0000$，表示唯一。

关于定点二进制小数补码模数 M=2 的说明：

$$[X]_{max}=0.11\cdots11$$

如果把符号位看做整数位，则负数的绝对值最大数为 1.11…11；模数取 X 的最大数加上 0.00…01，即最低位加 1

$$M=1.11\cdots11+0.00\cdots01=10.00\cdots0=2$$

取符号位之进位为模。当 X 为正数，X 加 2 的整数倍，仍为 X，对 X 无影响；当 X 为负数，即可得其补码 $2+X$。

【例 2-11】 $X_1=0.0110$，　$[X_1]_{补}=0.0110$

$X_2=-0.0110$，　$[X_2]_{补}=1.1010$

对任意一个 $n+1$ 位二进制纯数 $X=X_sX_1X_2\cdots X_n$，其中 X_s 为符号位，其补码为

$$[X]_{补}=\begin{cases} X & 0\leqslant X\leqslant 2^n-1 \\ 2^{n+1}+X=2^{n+1}-|X| & -2^n\leqslant X<0\ (\text{mod}\ 2^{n+1}) \end{cases}$$

【例 2-12】 设机器字长为 8 位，有一位符号位：

$X_1=+1010$，　$[X_1]_{补}=00001010$

$X_2=-1010$，　$[X_2]_{补}=11110110$

③ 补码特点

依据补码的定义，可以得出补码具有如下特点：

- 零的表示是唯一的，且为全零，在计算机中判结果为零很方便。
- 补码表示法的表数范围比其他编码（原码和反码）要宽，定点小数的补码中，可表示-1，定点整数的补码中，可表示-2^n，这是其他编码中做不到的。

- 负数的补码求法中，可以看做是其原码除符号位外各位按位取反，然后末位再加 1。

课堂讨论

前面介绍了计算机中引入补码可以将减法操作转换为加法操作，请同学们仿照拨时钟的例子分别求出 $X-Y$，$X+Y$ 的结果。

（1）$X=+0.1010$，$Y=+0.0011$　（2）$X=+0101$，$Y=-0111$（机器字长 $n+1=5$）

（3）反码表示法

反码与补码类似，正数的反码是其本身；负数的反码，可将原码除符号位外各位按位取反得到。

反码的符号位：正数用“0”表示，负数用“1”表示。

反码定义：设 X 为 $n+1$ 位定点二进制小数（包含一位符号位）

$$[X]_{反}=\begin{cases} X & 当\ 0\leqslant X\leqslant 1-2^{-n} \\ (2-2^{-n})+X & 当\ 2^{-n}-1\leqslant X\leqslant 0 \end{cases}$$

【例 2-13】 $X_1=0.0110$，　$[X_1]_{反}=0.0110$

$X_2=-0.0110$，　$[X_2]_{反}=1.1001$

因此，也可把反码看做以（$2-2^{-n}$）为模的补码。在定点小数补码表示中，$2\equiv0$（mod 2），因为 2 与 0 同余。若以（$2-2^{-n}$）为模，则（$2-2^{-n}$）$\equiv0$，mod（$2-2^{-n}$），因此在反码运算中当最高位产生进位 2 时，不能随便扔掉，还必须在最低位加“1”（即 2^{-n}）才行。

另外反码表示中：

$[+0]_{反}=0.00\cdots0$,

$[-0]_{反}=1.11\cdots1$,

零的表示不是唯一的，这也是反码不便之处，但常常用反码作为求补码的跳板。

若 X 为 $n+1$ 位定点二进制整数（包含一位符号位）

$$[X]_{反}=\begin{cases} X, & 当\ 0\leqslant X\leqslant 2^{n}-1 \\ (2^{n+1}-1)+X, & 当-(2^{n}-1)\leqslant X\leqslant 0 \end{cases}$$

【例 2-14】 设机器字长为 8 位，有一位符号位：

$X_1=+1010$，　$[X_1]_{反}=00001010$

$X_2=-1010$，　$[X_2]_{反}=11110101$

（4）移码

对于移码，在计算机中一般只用来表示浮点数的阶码，而浮点数的阶码只有整数的情况，故在计算机中只讨论定点整数的移码，而不讨论定点小数的移码。

对于任意一个 $n+1$ 位定点二进制整数 X，可表示为

$$X=X_sX_1X_2\cdots X_n$$

其中 X_s 为符号位，X 的移码定义如下：

$$[X]_{移}=2^n+X,\ -2^n\leqslant X\leqslant 2^n-1$$

当 X 为正数时，$[X]_{移}$只要将最高位（符号位）加 1 即可得到；

当 X 为负数时，$[X]_{移}=2^n-|X|$。

【例 2-15】求：$X=\pm 6D=\pm 110B$ 的移码。

解：$[X]_{移}$为 4 位二进制整数，

当 $X=+6D=+110B$ 时，$[X]_{移}=2^3+0110=1110$

当 $X=-6D=-110B$，$[X]_{移}=2^3-110=0010$

可以看出：移码的数值部分与其对应的补码相同，移码的符号位与补码相反。在移码表示中，符号位为“1”表示正数，符号位为“0”表示负数。表 2-1 是 4 位二进制整数的补码和移码对照表。显然通过移码比较两个整数大小很方便。

表 2-1　4 位二进制整数的补码和移码对照表

真值 X	$[X]_{补}$	$[X]_{移}$	真值 X	$[X]_{补}$	$[X]_{移}$
−8	1000	0000	0	0000	1000
−7	1001	0001	+1	0001	1001
−6	1010	0010	+2	0010	1010
−5	1011	0011	+3	0011	1011
−4	1100	0100	+4	0100	1100
−3	1101	0101	+5	0101	1101
−2	1110	0110	+6	0110	1110
−1	1111	0111	+7	0111	1111

3．浮点数表示

小数点的位置根据需要而浮动，这就是浮点数。例如：

$$N=M\times r^E$$

式中，r 为浮点数阶码的底，与尾数的基数相同，通常 $r=2$。E 和 M 都是带符号数，E 叫做阶码，M 叫做尾数。在大多数计算机中，尾数为纯小数，常用原码或补码表示；阶码为纯整数，常用移码或补码表示。

浮点数的一般格式如图 2-4 所示，机器数中只包含阶码和尾数两部分，浮点数的底是隐含的，在整个机器数中不出现。阶码的符号位为 e_s，阶码的大小反映了在数 N 中小数点的实际位置；尾数的符号位为 m_s，它是整个浮点数的符号位，表示了该浮点数的正负。

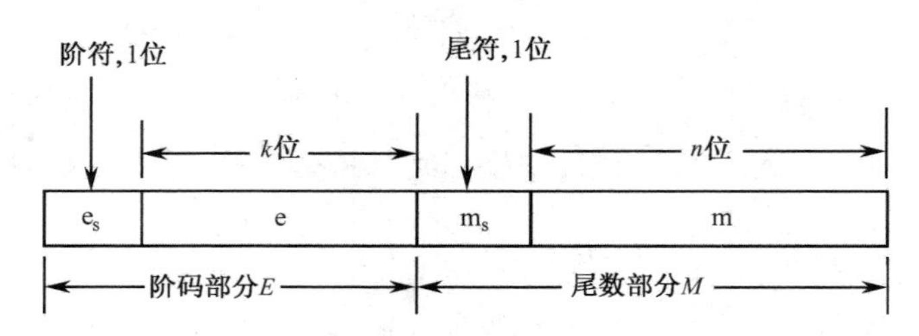

图 2-4　浮点数的格式示意

在浮点数表示法中，数的表示范围由阶码的位数来决定，而尾数的位数决定了有效数字的精度。显然，采用浮点数表示法，表示的数的范围扩大了但精度降低了。

通过前面介绍的补码的概念可以知道浮点数的表示范围（假设阶码和尾数均用补码表示，阶码的底为 2）：

当 e_s=0，m_s=0，阶码和尾数的数值位各位全为 1（即阶码和尾数都为最大正数）时，该浮点数为最大正数：

$$X_{最大正数}=(1-2^{-n})$$

当 e_s=1，m_s=0，尾数的最低位 m_n=1，其余各位为 0（即阶码为绝对值最大的负数，尾数为最小正数）时，该浮点数为最小正数：

$$X_{最小正数}=2^{-n}\times 2^{-2^k}$$

当 e_s=0，阶码的数值位为全 1；m_s=1，尾数的数值位为全 0（即阶码为最大正数，尾数为绝对值最大的负数）时，该浮点数为绝对值最大负数：

$$X_{绝对值最大负数}=-1\times 2^{2^k-1}$$

4．二进制编码的十进制数（BCD 码）

二进制数是计算机最适合的数据表示方法，而且数据在计算机中都是以二进制数形式存储的，但是十进制数是人们最常用的数据表示方法，能不能用二进制数形式来表示十进制数据呢？答案是肯定的。在计算机中可以采用 4 位二进制数来表示 1 位十进制数，称为二进制编码的十进制数（Binary-Coded Decimal），简称 BCD 码。

4 位二进制数可以组合出 16 种代码，能表示 16 种不同的状态。我们只需要使用其中的 10 种状态，就可以表示十进制数的 0～9 十个数码，而其他的六种状态为冗余状态。由于可以取任意的 10 种代码来表示十个数码，所以就可能产生多种 BCD 编码。BCD 编码既具有二进制数的形式，又保持了十进制数的特点，而且还可以用它们直接进行运算。

根据 4 位二进制位的各位是否具有权值可以将 BCD 编码分为有权码编码方案和无权码编码方案。有权码编码方案有 8421BCD、2421BCD、5421BCD、5211BCD 等，以 8421BCD 为最常见。无权码编码方案常见的有余 3 码和格雷码。

表 2-2　常见的 BCD 编码方案

十进制	8421 码	2421 码	余 3 码	格雷码
0	0000	0000	0011	0000
1	0001	0001	0100	0001
2	0010	0010	0101	0011
3	0011	0011	0110	0010
4	0100	0100	0111	0110
5	0101	1011	1000	1110
6	0110	1100	1001	1010
7	0111	1101	1010	1000
8	1000	1110	1011	1100
9	1001	1111	1100	0100

（1）有权码方案以 8421BCD 码为例

8421BCD 码又称为 NBCD 码，其主要特点是：

① 它是一种有权码，4 位二进制代码的位权从高到低分别为 8、4、2、1。

② 简单直观。每个代码与它所代表的十进制数之间符合二进制数和十进制数相互转换的规则。

③ 不允许出现1010～1111。这6个代码在8421码中是非法码。

④ 计算机实现8421BCD码加减法时，要对运算结果进行修正，才能得到结果的8421BCD码形式。修正的规则是（以加法为例）：两个BCD码相加，结果在1010～1111之间或者结果产生了向高位的进位，则应在其结果上加6（110）。

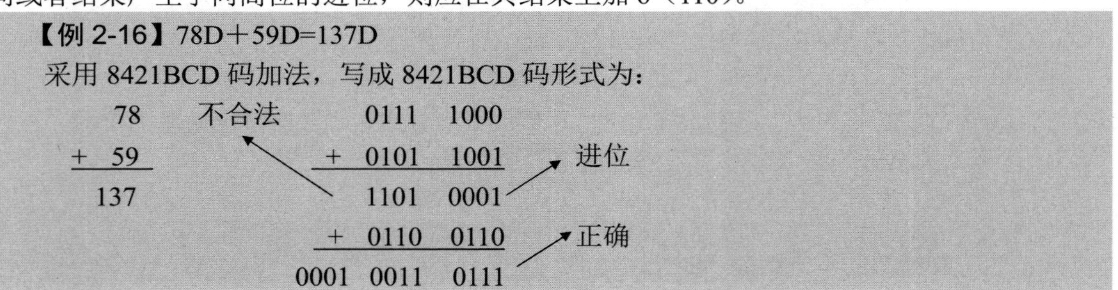

（2）无权码编码方案

余3码是一种无权码，其编码是在8421码的基础上加+3（+0011）形成的，故称余3码。在这种编码中各位的“1”不表示一个固定的十进制数值，因而不直观；但是任意两个余3码相加时能正确产生向高位的进位信号。观察上表2-2还可以发现在余3码中不允许出现0000～0010、1101～1111这6个编码，其在余3码中是非法码。余3码也是一种对9的自补码，也就是说0和9、1和8、2和7、3和6、4和5等任一组的余3码相加都可以得到1111。

格雷码也是一种无权码，其编码方案较多，在上表2-2中给出了格雷码的一种编码方案。可以发现格雷码的任何两个相邻编码只有一个二进制位不同，这也正是格雷码的编码特点。

2.2 其他信息的表示

2.2.1 字符信息在计算机中的表示

现代计算机中不仅进行数值计算，而且要处理大量非数值的问题。特别是处理办公领域的文本信息。字符是计算机中使用最多的信息形式之一，是人与计算机交互、通信的工具。在计算机中，要为每个字符指定一个确定的编码，作为输入、存储、处理和输出有关字符的依据。字符编码也是利用二进制数的符号“0”和“1”进行的。

目前国际上普遍采用的字符系统是用7位二进制信息表示的美国国家信息交换标准码（American Standard Code for Information Interchange），简称ASCII码。

ASCII码可表示10个十进制数字0～9，26个英文字母，通用运算符号+、－、×、÷、/、>、=、<以及标点符号等共计95个可显示字符；另外还有33个编码，作为控制字符，控制计算机和一些外部设备的操作。

ASCII码和128个字符的对应关系如表2-3所示。一个字符在计算机中占据一个字节，用8位二进制数表示。

表 2-3　ASCII 字符编码

$b_6b_5b_4$ / $b_3b_2b_1b_0$	000	001	010	011	100	101	110	111
0000	NUL	DLE	SP	0	@	P	、	p
0001	SOH	DC1	!	1	A	Q	a	q
0010	STX	DC2	“	2	B	R	b	r
0011	ETX	DC3	#	3	C	S	c	s
0100	EOT	DC4	$	4	D	T	d	t
0101	ENQ	ANK	&	5	E	U	e	u
0110	ACK	SYN	%	6	F	V	f	v
0111	BEL	ETB	,	7	G	W	g	w
1000	BS	CAN	（	8	H	X	h	x
1001	HT	EM	）	9	I	Y	i	y
1010	LF	SUB	*	:	J	Z	j	z
1011	VT	ESC	+	;	K	[	k	{
1100	FF	FS	’	<	L	\	l	|
1101	CR	GS	-	=	M	]	m	}
1110	SO	RS	.	>	N	↑	n	～
1111	SI	US	/	?	O	-	o	DEL

正常情况下，最高位 b_7 为“0”。在需要奇偶校验时，这一位可用于存放奇偶校验的值，此时称这一位为校验位。

ASCII 是由 128 个字符组成的字符集。其中编码值 0～31 不对应任何可印刷（或称有字形）字符，通常称它们为控制字符，用于通信中的通信控制或对计算机设备的功能控制。编码值为 32 的是空格（或间隔）字符 SP。编码值为 127 的是删除控制 DEL 码。其余的 94 个字符称为可印刷字符（若把空格也计入可印刷字符时，则称有 95 个可印刷字符）。请注意：这种字符编码中有如下两个规律：

（1）字符 0～9 这 10 个数字字符的高 3 位编码为 011，低 4 位为 0000～1001。当去掉高 3 位的值时，低 4 位正好是二进制数形式的 0～9。这既满足正常的排序，又有利于完成 ASCII 码与二进制数之间的类型转换。

（2）英文字母的编码值满足正常的字母排序关系，且大、小写英文字母编码的对应关系相当简便，差别仅表现在 b_5 一位的值为 0 或 1，有利于大、小写字母之间的编码变换。ASCII 每个字符用 7 位二进制数表示，其排列顺序为 b_6、b_5、b_4、b_3、b_2、b_1、b_0，在表中 $b_6b_5b_4$ 为高位部分，$b_3b_2b_1b_0$ 为低位部分。共有 $2^3\times2^4=8\times16=128$ 个字符。前三位表示 $2^3=8$ 列，各列分配规律如下：000，001 列为控制字符；010 列为运算符号等；011 列为数字符；100，101 两列为大写英文字母；110，111 两列为小写英文字母。后四位表示 $2^4=16$ 行。为列内编码。计算机内一个字符实际上是 8 位二进制数，其最高位 b_7 规定为 0，当需要进行校验时，b_7 可用来作为奇偶校验位。

2.2.2　声音在计算机中的表示

声音是通过空气传播的一种连续的波，叫声波。声音的强弱体现在声波压力的大小上，音调的高低体现在声音的频率上。声音用电表示时，声音信号在时间和幅度上都是连续的模拟信号（如图 2-5a 所示）。因此，声音不能直接进入计算机存储，需要进行数字化。数字化的过程涉及两个步骤：

第一步，对声音进行采样。所谓采样是指在某些特定的时刻对声音的这种模拟信号进行测量。首先，由麦克风、录音机等拾音设备把声音信号变成频率、幅度连续变化的电流信号，然后通过采样器每隔固定时间间隔对声音的模拟信号截取一个幅值（离散值），如图 2-5b 所示。

第二步就是量化，用专门的模/数转换电路将每一个的离散值换成一个 n 位二进制表示的数字量，如图 2-5c 所示，这已是计算机能接受的数据形式，进一步编码压缩后，就可以以声音文件送入计算机存储了。

当计算机播放声音时，将声音文件解码还原成模拟信号，通过音响设备输出。

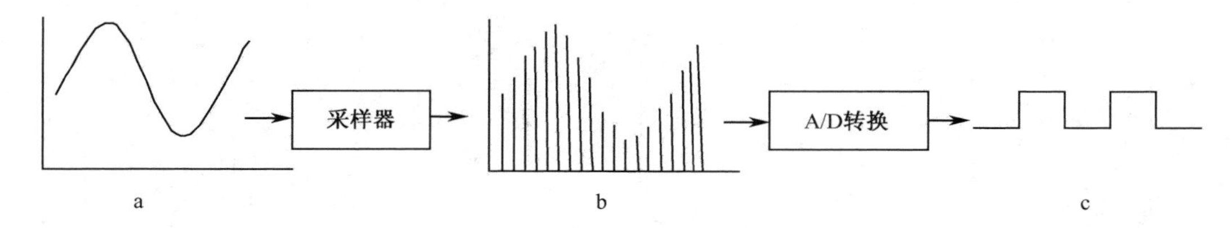

图 2-5　声音的数字化过程

2.2.3　图形图像在计算机中的表示

1．位图图像的计算机表示

由于计算机只能处理数字数据，所以把视觉图像转换为由点阵构成用二进制表示的数字化图像，其转化过程包括如下两个步骤：

第一步，抽样。将图像在二维空间上的画面分布到矩形点阵的网状结构中，矩阵中的每一个点称为像素点，分别对应图像在矩阵位置上的一个点，对每个点进行抽样，得到每个点的灰度值。显然，矩阵中有图像信息的点与无图像信息处的点灰度值不同，而且同是有图像信息的点与点之间，其灰度值也会因为色彩、明亮层次不同也有差异。如果每个像素点的灰度值只取 0、1 两个值，图像点阵只有黑白之分，称二值图像。如果允许像素点的灰度值越多，图像能表现的层次、色彩就越丰富，图像在计算机上的再现性能就越好。

第二步，量化。把灰度值转换成 n 位二进制数表示的数值称为量化。

一幅视觉图像经过抽样与量化后，转化为由一个个离散点的二进制数组成的数字图像，这个图像称为位图图像，在实际中，图像的采集要用特殊的数字化设备，比如扫描仪，它对已有照片、图片进行扫描，扫入的图像经过上述两个步骤变成位图图像，就可以直接放入计算机中存储起来了。

2．图形的计算机表示

下图 2-6 包含了矩形、三角形、直线、圆等形状，它完全可以用一个个离散点的二进制值表示成位图图像，但是对这类图像，计算机常使用另一种处理方法：图像采集设备输入图像后对图像依据某种标准进行分析、分解，提取出具有一定意义的独立的信息单元——图元，例如一段直线、一个矩形、一个圆等，并设计一系列指令，用指令描述一个个的图元及各图元之间的联系，于是一幅原始图像以一组有序的指令形式存入计算机。当计算机要显示一幅存储的图像时，只需读取指令、逐条解释执行指令，就可以将指令描述的图重新组合成图像输出。因为图像不是直接用画面的每一个像素点来描述，而是用图元序列描述，图像的这种表示方式称之为图形，或矢量图形。

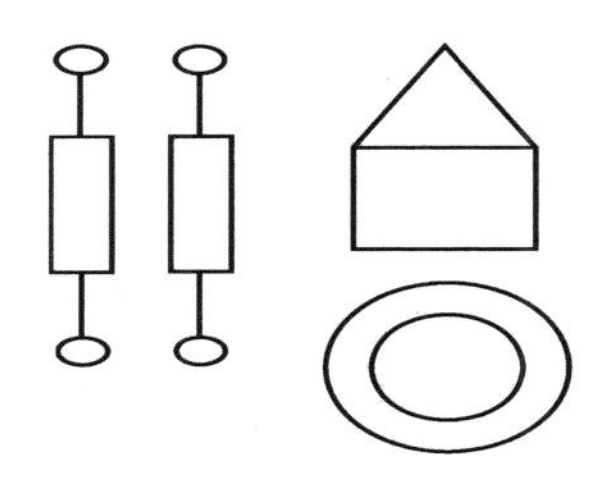

图 2-6　图形

课堂讨论

在现代多媒体计算机中存在大量的声音、图形图像文件，由于编码方法等区别，其文件格式和占用空间大小等也差别很大；比如：同样一段音乐的 wav 和 mp3 两种格式（扩展名）其编码方法、文件大小、音质效果都不一样，试列出几种常见的声音、图形图像文件的扩展名。

声　音	图 形 图 像

2.3　数据校验码

保证计算机内信息的正确对计算机的工作至关重要。由于信息在计算机中存取、传输、运算过程中难免发生诸如“1”误变为“0”的错误，为此，计算机一方面从电路、电源、布线等方面采取许多措施提高机器的稳定性和抗干扰能力，另一方面就是在数据的编码上下工夫了。通常采用的方法是对数据信息扩充，加入新的代码，与原数据一起按某种规律编码后，使扩充的新数据具有发现数据出错的能力，甚至能指出出错的具体位置，并自动加以改正。这种具有指出错误或改正错误能力的编码称为校验码（Check Code）。数据校验码的种类很多，这里介绍几种常见的编码方法。

2.3.1　奇偶校验码

1．奇偶校验概念

奇偶校验码是一种最简单也是最常用的数据校验码，可以检测出一位错误（或奇数位错误），但不能确定出错的位置，也不能检测出偶数位错误。

奇偶校验实现方法是：在 *n* 位长的有效信息（如一个字节）上增加 1 个二进制位作为校

验位，放在 n 位代码的最高位之前或者最低位之后，组成 $n+1$ 位的编码。这个校验位的取值（0 或 1）将使整个校验码中“1”的个数为奇数或偶数，所以有两种可供选择的校验规律：

奇校验——整个校验码（有效信息位和校验位）中“1”的个数为奇数。

偶校验——整个校验码中“1”的个数为偶数。

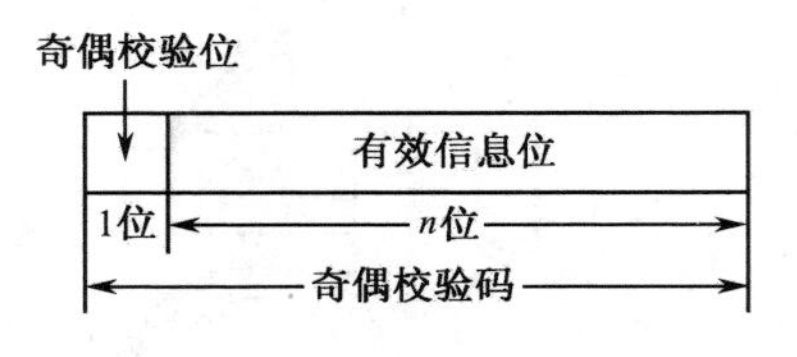

图 2-7 奇偶校验码

【例 2-17】已知 8 位有效信息代码为 11001010，求奇校验码。

解：∵有效信息中 11001010 共有 4 个 1，为偶数，现要求奇校验

∴校验位取值为 1，并设置在最高位之前，得到：111001010 为奇校验码

2. 交叉奇偶校验

计算机在进行大量字节（数据块）传送时，不仅每一个字节有一个奇偶校验位做横向校验，而且全部字节的同一位也设置一个奇偶校验位做纵向校验，这种对数据块的横向、纵向同时校验的方法称为交叉校验。

例如：如下有 4 个字节信息组成的数据块，每个字节的最高位为 A_7，最低位为 A_0。约定横向、纵向均采用奇校验，各校验位取值如下：

	A_7	A_6	A_5	A_4	A_3	A_2	A_1	A_0		横向校验位
第 1 字节	1	1	0	0	1	0	1	1	→	0
第 2 字节	0	1	0	1	1	1	0	0	→	1
第 3 字节	1	0	0	1	1	0	1	0	→	1
第 4 字节	1	0	0	1	0	1	0	1	→	1
	↓	↓	↓	↓	↓	↓	↓	↓		
纵向校验位	0	1	1	0	0	1	1	1		

交叉校验可以发现两位同时出错的情况，假设第 2 字节的 A_6、A_4 两位均出错，横向校验位无法检出错误，但是第 A_6、A_4 位所在列的纵向校验位会显示出错，当然在这种情况下，虽然能检出错误还不能确定出错位置，但这与前述的简单奇偶校验相比要保险多了。

如果只有一位信息出错，比如只有第 2 字节的 A_2 由 1 变为 0 出错，则不仅能检出错，而且还能确定出错位置。

2.3.2 循环冗余校验码

在计算机网络、同步通信以及磁表面存储器中广泛使用循环冗余校验码（Crclic Redundancy Check），简称 CRC 码。它是一种具有很强检错、纠错能力的校验码。因为循环冗余校验码的编码原理复杂，这里免去数学证明，只对CRC 码的编码方式及实现做简单介绍。

循环冗余校验码是通过除法运算来建立有效信息位和校验位之间的约定关系的。假设，待编码的有效信息以多项式 M（X）表示，将它左移若干位后，用另一个约定的多项式 G（X）去

除，所产生的余数 R（X）就是检验位。有效信息和检验位相拼接就构成了 CRC 码。这里的 G（X）称为生成多项式。当整个 CRC 码被接收后，仍用约定的生成多项式 G（X）去除，若余数为 0 表明该代码是正确的；若余数不为 0 表明某一位出错，再进一步由余数值确定出错的位置，以便进行纠正。

1. 循环冗余校验码的编码方法

循环冗余校验码是由两部分组成的，左边为信息位，右边为校验位。若信息位为 N 位，校验位为 K 位，则该校验码被称为（$N+K$，N）码。

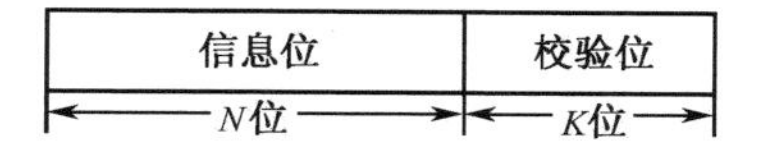

图 2-8 循环冗余校验码的格式

循环冗余校验码编码规律

① 把待编码的 N 位有效信息表示为多项式 M（X）。

② 把 M（X）左移 K 位，得到 M（X）$\times X^K$，这样空出了 K 位，以便拼装 K 位余数（即校验位）。

③ 选取一个 $K+1$ 位的生成多项式 G（X），对 M（X）$\times X^K$ 作模 2 除。

$$\frac{M(X)\times X^K}{G(X)}=Q(X)+\frac{R(X)}{G(X)}$$

④ 把左移 K 位以后的有效信息与余数 R（X）作模 2 加减，拼接为 CRC 码，此时的 CRC 码共有 $N+K$ 位。

提示

所谓模 2 运算是指不考虑加法的进位和减法的借位，即 0+0=0、0+1=1+0=1、1+1=0（不进位）、0－0=0、0－1=1（不借位）、1－0=1、1－1=0。模 2 除是指上商的原则是当部分余数首位是 1 时商取 1，反之商上 0，然后按模 2 相减求得新部分余数。

【例 2-18】 设 M（X）=1101，选定的生成多项式 G（X）为 X^3+1=1001，试计算校验位，并写出 CRC 码。

解：∵生成多项式 G（X）为 4 位＝$K+1$，

∴M（X）应左移 3 位得到 1101000，然后模 2 除以 1001

$$\frac{1101000}{1001}=1100+\frac{100}{1001}$$

CRC 码为 1101100。

2. 循环冗余校验码的校验与纠错

把接收到的 CRC 码用约定的生成多项式 G（X）去除，如果正确，则余数为 0；如果某一位出错，则余数不为 0。不同的位数出错其余数不同，余数和出错位序号之间有唯一的对应关系。

3. 生成多项式的选择

生成多项式被用来生成 CRC 码，并不是任何一个 $K+1$ 位多项式都可以作生成多项式用的，它应满足下列要求：

（1）任何一位发生错误都应使余数不为 0。

（2）不同位发生错误应当使余数不同。

（3）对余数作模 2 除法，应使余数循环。

在计算机和通信系统中广泛使用下述两个生成多项式，它们是：

$G(X)=X^{16}+X^{15}+X^{2}+1$

$G(X)=X^{16}+X^{12}+X^{6}+1$

2.3.3 海明码

在大中型计算机存储器校验时，还常采用一种被称为海明码的校验码，它不但可以发现错误，还能指出错误的位置，是一种纠错码。海明码实际上是一种多重奇偶校验，其实现原理是：在有效信息位中间加入几个校验位形成海明码，并把海明码的每一个二进制位分配到几个奇偶校验组中。当某一位出错后，就会引起有关的几个校验位的值发生变化，从而发现并纠正错误。

2.4 计算机的逻辑运算基础

逻辑是推理的一种有组织的方法，因此，当作决定或者计算或处理数据时，必须采用逻辑。1849 年，英国数学家乔治·布尔在总结前人的成果的基础上系统提出了描述客观事物逻辑关系的数学方法——称为布尔代数。后来，由于布尔代数被广泛地应用于解决开关电路和数字逻辑电路的分析与设计上，所以也把布尔代数叫做开关代数或逻辑代数。逻辑代数是布尔代数在二值逻辑电路中的应用。正是布尔代数这一理论成果的诞生为数字计算机的产生奠定了理论基石。

我们做某些事情，总是先对事情判断一下，然后再根据判断的结论去做。例如我们吃饭，总是先判断：“饭做好了吗？”，“人到齐了吗？”，“餐桌准备好了吗？”，只有上面的条件都满足了，我们才可以吃饭，否则就不能。我们把用逻辑语言描述的条件称为逻辑命题，其中的每个逻辑条件都称为逻辑变量，一般用字母 A、B、C、D…表示。把逻辑变量写成函数的形式就称为逻辑函数。

例如：我们把上面提到的问题的条件分别用 A、B、C 表示，那么它的逻辑函数可表示为：F=f（A、B、C）

因为逻辑变量只有两种取值 0 或 1，所以我们可以用一种表格来描述逻辑函数的真假关系，我们就称这种表格为真值表。

例如：列出“能吃饭吗？”的真值表。设条件满足为 1，不满足为 0，显然 1 个逻辑变量，有 2 种组合，而 3 个逻辑变量就有 8 种组合。所以其真值表为：

A	B	C	F
0	0	0	0
0	0	1	0
0	1	0	0
0	1	1	0
1	0	0	0
1	0	1	0
1	1	0	0
1	1	1	1

2.4.1　基本逻辑运算

在实际生活中我们遇到的逻辑问题是多种多样的，但任何复杂的逻辑问题最终都可以通过三种基本的逻辑运算解决。这三种基本的逻辑运算分别是“与”运算、“或”运算和“非”运算。下面通过几个开关电路的例子来说明这三种基本的逻辑运算。

1. “与”逻辑运算

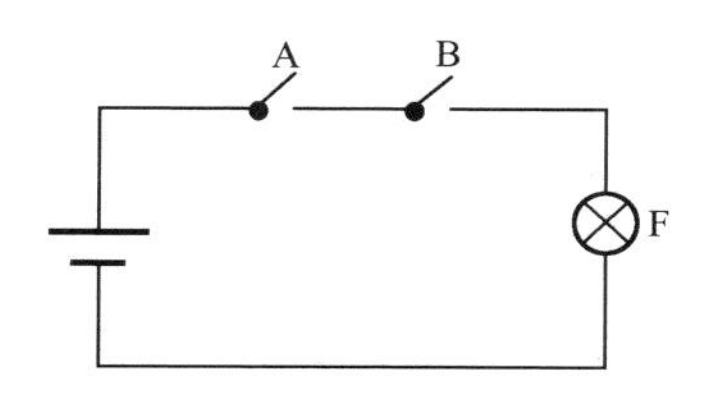

图 2-9　“与”逻辑

在图 2-9 中，要让灯泡 F 亮，只有开关 A 和开关 B 同时闭合。假设开关闭合为“1”，开关断开为“0”，灯泡亮为“1”，灯泡不亮为“0”，则可以得到灯泡 F 和开关 A、B 之间取值关系的逻辑真值表：

A	B	F
0	0	0
0	1	0
1	0	0
1	1	1

A 和 B 的逻辑与运算可以写成 F＝A · B 的形式。

2. “或”逻辑运算

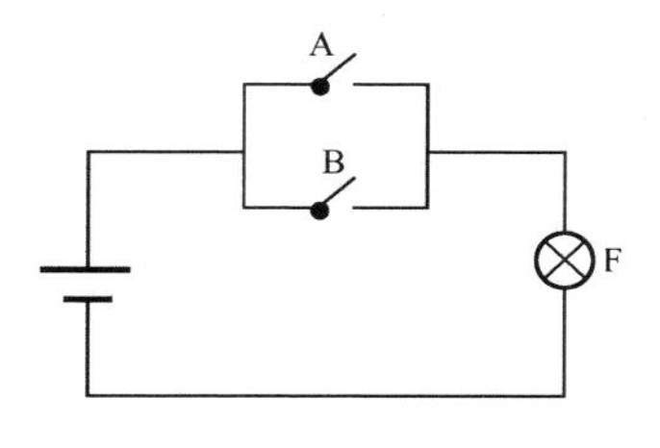

图 2-10　“或”逻辑

在图 2-10 中，只要开关 A 和开关 B 之一闭合，灯泡 F 都会亮。可以得到如下真值表：

A	B	F
0	0	0
0	1	1
1	0	1
1	1	1

A 和 B 的逻辑或运算可以写成 F＝A＋B 的形式。

3. “非”逻辑运算

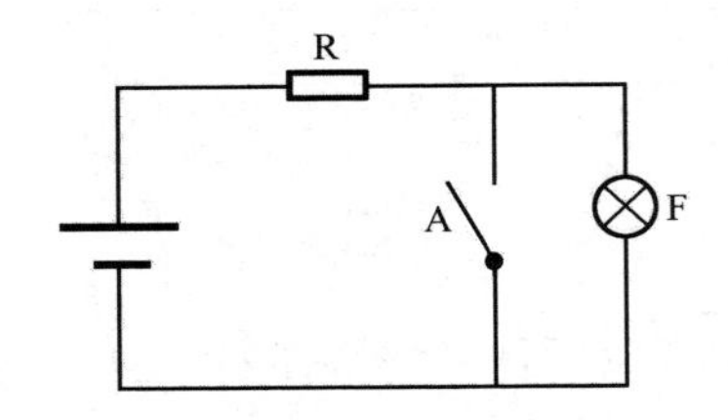

图 2-11 “非”逻辑

在图 2-11 中，如果开关 A 闭合，灯泡 F 不亮，开关 A 断开时，则灯泡 F 亮。可以得到如下真值表：

A	F
0	1
1	0

显然变量 A 与 F 之间存在的函数关系可以表示为 $F=\overline{A}$ 。

2.4.2 复合逻辑运算

通过前面的学习我们已经掌握三种基本的逻辑运算，而实际的逻辑问题往往比“与”、“或”、“非”复杂很多，不过都可以通过这三种基本逻辑运算的组合来实现。用三种基本逻辑运算的简单组合可以得到最常见的复合逻辑运算，它们有“与非”、“或非”、“异或”和“同或”等。

1. 与非逻辑（$F=\overline{AB}$）

A	B	F
0	0	1
0	1	1
1	0	1
1	1	0

2. 或非逻辑（$F=\overline{A+B}$）

A	B	F
0	0	1
0	1	0
1	0	0
1	1	0

3．异或逻辑（F＝A ⊕ B）

A	B	F
0	0	0
0	1	1
1	0	1
1	1	0

4．同或逻辑（F＝A ⊙ B）

A	B	F
0	0	1
0	1	0
1	0	0
1	1	1

2.4.3 逻辑门

实现基本逻辑运算和复合逻辑运算的单元电路称为逻辑门电路。门电路按照制作材料又可以分为：TTL（Transistor-Transistor-Logic）门和 MOS（Metal-Oxide-Semiconductor）门。目前，MOS 门电路的性能得到极大的提高，大规模、超大规模集成电路一般采用 MOS 工艺制造。

把实现与逻辑运算的单元电路叫做与门，把实现或逻辑运算的单元电路叫做或门，把实现非逻辑运算的单元电路叫做非门，也称为反相器。图 2-12 给出了这几种基本逻辑门的三种不同的逻辑符号。

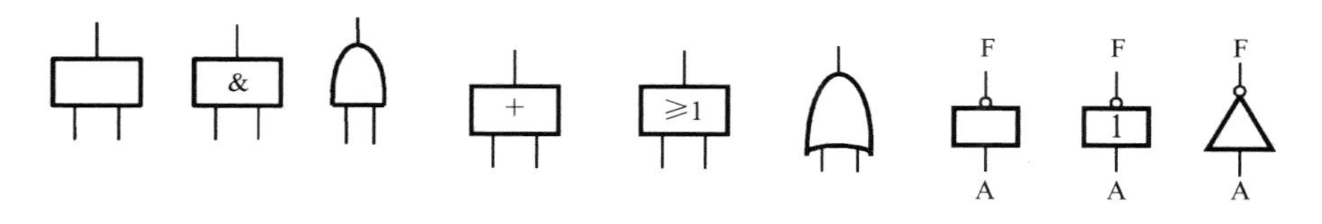

（a）与门逻辑符号　（b）或门逻辑符号　（c）非门逻辑符号

图 2-12　基本逻辑门符号

同样，将常用的复合运算制成集成门电路，称为复合逻辑门电路。如图 2-13 所示。

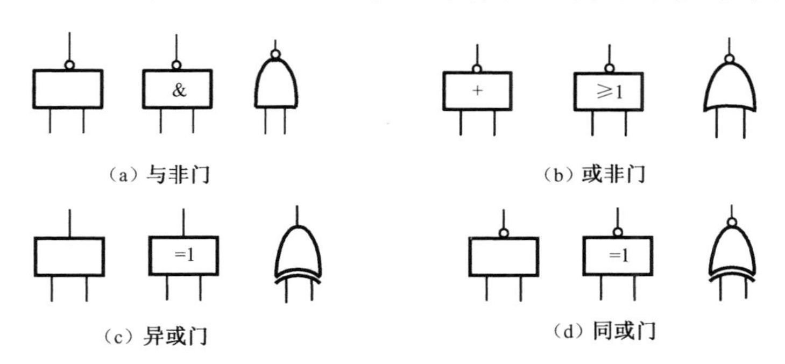

（a）与非门　（b）或非门　（c）异或门　（d）同或门

图 2-13　复合逻辑门符号

课堂讨论

按照十进制数加法的思路，我们可以得到二进制数加法。比如给定两个二进制数（01001、01101）求和过程为：将这两个数按数位顺序对齐后，从低位向高位逐位相加并进位即可得到结果，如下图。

提取每一对应位分析可以发现：同一数位的两个数（“0”或“1”）A_i 和 B_i 相加，考虑低位传来的进位 C_{i-1}，可得本位和 S_i、向高位的进位 C_i 两个输出量；则 S_i、C_i 与 A_i、B_i、C_{i-1} 之间的取值关系（真值表）如下：

```
  01001
+ 01101
  10110
```

A_i	B_i	C_{i-1}	S_i	C_i
0	0	0	0	0
0	0	1	1	0
0	1	0	1	0
0	1	1	0	1
1	0	0	1	0
1	0	1	0	1
1	1	0	0	1
1	1	1	1	1

根据真值表，可得如下逻辑表达式为：$S_i=A_i \oplus B_i \oplus C_{i-1}$ 和 $C_i=A_i \cdot B_i+(A_i \oplus Bi) \cdot C_{i-1}$ 结合前面介绍的逻辑门概念，请设计能实现一位加法运算的装置（一位全加器）。

习题 2

一、填空题

1. 二进制、八进制、十六进制数可以通过________的方法得到其相应的十进制数。

2. 由于________，可得 3 位二进制数可用 1 位八进制数表示，由于________，可得 4 位二进制数可用 1 位十六进制数表示。

3. 十进制数 28.125 对应的二进制数为________。

4. 在原码、反码和补码表示法中，对 0 的表示有两种形式的是______和______。

5. 若 $[X]_补=1000$，则 X=________。

6. 8 位无符号定点整数，其二进制编码范围从________至________，对应的十进制值为______至______。

7. 10110101B=________Q=________H=________D。

8. 123.625D=________B；63Q=________H。

9. 原码 1.1111 转换为十进制数是______，反码 1.1111 转换为十进制数是______，补码 1.1111 转换为十进制数是______。

10. 字符“a”的 ASCII 值比字符“A”的 ASCII 值______，字符“e”的 ASCII 值比字符“B”的 ASCII 值______。

二、单项选择题

1. 如果二进制数 10000000 对应的值为－128，则它用的是（　　　　）表示的。

　A. 原码　B. 补码　C. 反码　D. 移码

2. 如果字长为 8 位，则数＋1000 的补码是（　　　　）。

　A. 1000　B. 00001000　C. 10000000　D. 10001000

3. 如果字长为 8 位，则数－1000 的反码是（　　　　）。

　A. 00001000　B. 11111000　C. 01111000　D. 10001000

4. 数 119D 对应的 8421BCD 码是（　　　　）。

　A. 000100011001　B. 000110001001

　C. 100010001001　D. 100010011001

5. 十进制数 15.125 转换成二进制数是（　　　　）。

　A. 1111.01　B. 1111.001　C. 1111.101　D. 111.001

6. 如果二进制数 10000000 对应的值为 0，则它用的是（　　　　）表示的。

　A. 原码　B. 补码　C. 反码　D. 移码

7. 在小型或微型计算机里，普遍采用的字符编码是（　　　　）。

　A. BCD 码　B. 16 进制　C. 格雷码　D. ASCⅡ码

8. 设 $X=-0.1011$，则$[X]_{补}$为（　　　　）。

　A. 1.1011　B. 1.0100　C. 1.0101　D. 1.1001

9. 当$-1<X<0$ 时，$[X]_{原}$是（　　　　）。

　A. X　B. $X-1$　C. $1-X$　D. $2+X$

10. 浮点数的精度和表示范围取决于（　　　　）。

　A. 阶码的位数和尾数采用的编码　B. 阶码采用的编码和尾数的位数

　C. 阶码的位数和尾数的位数　D. 阶码采用的编码和尾数的编码

三、简答题

1. 简述机器数与真值的概念。

2. 试比较定点带符号数在计算机内的三种表示方法的优缺点。

3. ASCII 表中有两个编码规律，试回答这样编码有什么好处。

四、关键思考题

1. 试比较$(1000001)_2$、$(4F)_{16}$、$(59)_{10}$、$(107)_8$四个数的大小。

2. 某微机字长为 8 位，其中含 1 位符号位，当分别用原码、补码和反码表示机器数$(81)_{16}$时所对应的十进制数分别是多少？

3. 假定浮点数的阶码部分占 5 位，含 1 位阶符；尾数部分占 8 位，含 1 位符号位，且阶码和尾数均用补码表示，阶码的底为 2，试讨论该浮点数的能表示的最大正数、最小正数和绝对值最大负数。

4. 写出下列二进制数采用奇校验后的校验码。

（1）0110101　　（2）1001111

5. 已知 $M(X)=100101$，生成多项式 $G(X)=X^3+X+1$，试计算 CRC 校验的校验位，写出 $M(X)$ 的 CRC 校验码。

6. 给定 X、Y 的值，试求出 X、Y 按位与、或、异或、同或以及 $\overline{X}$ 的结果。

$X=10101011$　$Y=01100110$

第 3 章　计算机硬件工作原理

冯·诺依曼等三人早在 1946 年就提出了计算机（指硬件）应由运算器、控制器、存储器、输入设备和输出设备 5 大基本部件组成，而运算器和控制器是中央处理单元（CPU）的重要组成部分。我们通常说 CPU 是计算机的大脑一点都不为过，它不但要负责接收外界输入的信息资料，而且还要负责处理这些资料，然后将处理过的结果传送到正确的装置上。几乎所有大大小小的工作，都需要由 CPU 来下达命令，传达到其他设备执行。举个简单的例子来说，当我们要打印一份文件时，首先通过键盘或鼠标输入打印的指令，CPU 收到这个指令后，知道我们要打印文件，就会下达指令将资料送到打印机，然后由打印机执行打印文件的工作。那 CPU 的基本组成和各组成的具体作用是什么呢，我们将在下面的内容中做更详细的介绍。

3.1　中央处理器

3.1.1　CPU 的组成结构与功能

1．CPU 的功能

用计算机解决某个问题时，首先必须为它编写程序。程序是由指令构成的序列，这个序列明确告诉计算机应该执行什么操作，在什么地方找到用来操作的数据。一旦把程序装入内存储器，CPU 就可以自动完成取出指令和执行指令的任务。

CPU 对整个计算机系统的运行是极其重要的，它具有以下四方面的基本功能：

（1）操作控制

一条指令的功能往往是由若干个操作信号的组合来实现的，因此，CPU 管理并产生由内存取出的每条指令的操作信号，把各种操作信号送往相应的部件，从而控制这些部件按指令的要求进行动作。

（2）指令控制

程序的顺序控制，称为指令控制。由于程序是一个由指令构成的序列，这些指令的相互顺序不能任意颠倒，必须严格按程序规定的顺序进行，因此，保证机器按顺序执行程序是 CPU 的首要任务。

（3）时间控制

对各种操作实施时间上的定时，称为时间控制。因为在计算机中，各种指令的操作信号均受到时间的严格定时。另一方面，一条指令的整个执行过程也受到时间的严格定时。只有这样，计算机才能有条不紊地自动工作。

（4）数据加工

数据加工，就是对数据进行算术运算和逻辑运算处理。完成数据的加工处理是 CPU 的根本任务。因为，原始信息只有经过加工处理后才能对人们有用。

提示

在程序运行过程中，在计算机的各部件之间流动的指令和数据形成了指令流和数据流（动态性）。而 CPU 的基本功能就是对指令流和数据流在时间与空间上实施正确的控制。

2．CPU 的组成结构

在前面介绍的内容中我们知道 CPU 主要由运算器和控制器组成。但随着计算机硬件技术的发展，特别是集成电路技术的应用，以及人们对计算机运算速度的更高要求，一些在传统意义的计算机中属于 CPU 外部的逻辑功能部件纷纷移入到了 CPU 中，比如浮点运算单元、高速缓冲存储器等。这样，CPU 就由运算器（包括定点与浮点运算单元）、控制器以及 Cache 三大部分组成。下面先给出 CPU 的简单模型，然后再分块详细介绍。

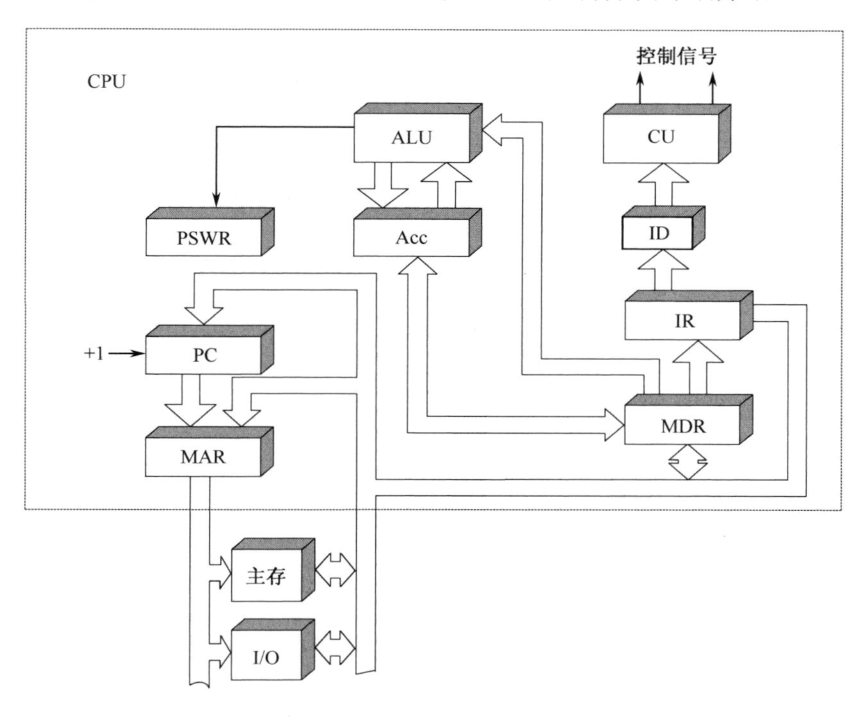

图 3-1　CPU 的简单模型

在图 3-1 中缩写字母代表的含义：

- ALU 表示算术逻辑运算单元
- CU 表示控制单元
- IR 表示指令寄存器
- MDR 表示存储器数据寄存器

- Acc 表示累加寄存器
- PSWR 表示程序状态字寄存器
- PC 表示程序计数器
- MAR 表示存储器地址寄存器

（1）运算器的主要功能

运算器由算术逻辑运算单元、累加寄存器、数据缓冲寄存器和程序状态寄存器组成，它是数据加工处理部件。相对控制器而言，运算器接受控制器的命令而进行动作，即运算器所进行的全部操作都是由控制器发出的控制信号来指挥的，所以它是执行部件。运算器有两个主要功能：

① 执行所有的算术运算。

② 执行所有的逻辑运算，并可进行逻辑测试，如零值测试或两个值的比较等。

（2）控制器的主要功能

控制器由程序计数器、指令寄存器、指令译码器、时序产生器和操作控制器组成，它是发布命令的“决策机构”，即完成协调和指挥整个计算机系统的操作。控制器的主要功能有：

① 从主存中取出一条指令，并指出下一条指令在主存中的位置。

② 对指令进行译码或测试，产生相应的操作控制信号，以便启动规定的动作。

③ 指挥并控制 CPU、主存和输入/输出设备之间的数据流动方向。

3．CPU 中的主要寄存器

CPU 中的寄存器是用来暂时保存运算和控制过程中的中间结果、最终结果以及控制、状态信息的，它可以分为通用寄存器和专用寄存器两大类。

（1）通用寄存器

通用寄存器可用来存放原始数据和运算结果，有的还可以作为变址寄存器、计数器、地址指针等。现代计算机中为了减少访问存储器的次数，提高运算速度，往往在 CPU 中设置大量的通用寄存器，少则几个，多则几十个，甚至上百个。

累加寄存器 Acc 也是一个通用寄存器，它用来暂时存放 ALU 运算的结果信息。例如，在执行一个加法运算前，先将一个操作数暂时存放在 Acc 中，再从主存中取出另一操作数，然后同 Acc 的内容相加，所得的结果送回 Acc 中。运算器中至少要有一个累加寄存器。

（2）专用寄存器

① 程序计数器（PC）

程序计数器又称指令计数器，用来存放正在执行的指令地址或接着要执行的下条指令地址。

对于顺序执行的情况，PC 的内容应不断地增量（加“1”），以控制指令的顺序执行。这种加“1”的功能，有些机器是程序计数器本身具有的，也有些机器是借助运算器来实现的。

在遇到需要改变程序执行顺序的情况时，将转移的目标地址送往 PC，即可实现程序的转移。有些情况下除改变 PC 的内容外，还需要保留改变之前的内容，以便返回时使用。

注意：这里的（PC）+“1”=>PC 不是简单的（PC）+1，（PC）+“1”表示由当前指令地址加“1”得到下一条将要执行的指令地址。因此，这里的“1”与主存的编址方式以及指令字的长度有关，比如：主存按字节编址，如果一条指令占 1 个字节长度，则为（PC）+1；占 2 个字节，则为（PC）+2…

② 指令寄存器（IR）

指令寄存器用来存放从存储器中取出的指令。当指令从主存取出暂存于指令寄存器之后，在执行指令的过程中，指令寄存器的内容不允许发生变化，以保证实现指令的全部功能。

③ 存储器数据寄存器（MDR）

存储器数据寄存器用来暂时存放由主存储器读出的一条指令或一个数据字；反之，当向主存存入一条指令或一个数据字时，也暂时将它们存放在存储器数据寄存器中。

④ 存储器地址寄存器（MAR）

存储器地址寄存器用来保存当前 CPU 所访问的主存单元的地址。由于主存和 CPU 之间存在着操作速度上的差别，所以必须使用地址寄存器来保持地址信息，直到主存的读/写操作完成为止。

当 CPU 和主存进行信息交换，无论是 CPU 向主存存取数据时，还是 CPU 从主存中读出指令时，都要使用存储器地址寄存器和数据寄存器。

⑤ 状态标志寄存器（PSWR）

状态标志寄存器用来存放程序状态字（PSW）。程序状态字的各位表征程序和机器运行的状态，是参与控制程序执行的重要依据之一。它主要包括两部分内容：一是状态标志，如进位标志（C）、结果为零标志（Z）等，大多数指令的执行将会影响到这些标志位；二是控制标志，如中断标志、陷阱标志等。状态标志寄存器的位数往往等于机器字长，各类机器的状态标志寄存器的位数和设置位置不尽相同。

课堂讨论

CPU 是计算机中最重要的组成部分，它相当于计算机的心脏，是整个计算机系统的核心。一般来说，CPU 品质的高低直接决定了整个计算机系统的档次，而 CPU 的技术参数（性能指标）又反映了 CPU 的大致性能，下面列出了一些常见指标，你能说出它们的含义吗？找一款当前主流的 CPU 型号，分别列出其参数值。

技 术 参 数	CPU 型号（　　　　　）
字长	
主频	
外频和倍频	
片内 cache 的容量（多级）	
制造工艺	
工作电压	
指令集	

3.1.2 CPU的指令系统

1. 指令系统概述

指令和指令系统是计算机系统中的最基本概念。计算机系统主要由硬件和软件两大部分组成。所谓硬件是指由五大基本部件组成的装置。软件则是为了方便用户使用计算机而编写的各种程序，最终转化成一系列机器指令后在计算机上执行。

计算机的指令是机器指令的简称，是计算机硬件能够识别和执行的操作命令，用二进制编码形式表示。从表面上看，指令与数据（在计算机中也是以二进制编码形式表示）并没有什么不同，但作为指令的二进制编码与数据的二进制编码是有着根本不同的含义的。每一条指令都指示计算机硬件完成指定的基本操作。任何一种类型的计算机的基本指令的个数都是固定的，但通过它们编写出的程序是无穷的。

指令系统是一台计算机所能执行的全部指令的集合。计算机的性能与它所设置的指令系统有很大的关系，而指令系统的设置又与机器的硬件结构密切相关。指令系统的发展也由早期计算机的硬件结构简单、指令条数和实现的功能简单到后来硬件结构越来越复杂、指令条数和功能也越来越丰富。比如早期的计算机 CPU 中无专门的乘除法模块，也没有乘除法指令，实现乘除运算通过执行实现乘除的子程序来完成（将乘除转换为加减和移位），但随着硬件技术的发展，CPU 中设有专门的乘除法模块，有了专门的乘除法指令，计算机执行乘除法操作的速度也得到了提高。

一台计算机的指令系统越丰富，这台计算机的 CPU 越复杂，其处理能力也越强。

一个完善的指令系统应该具备如下几个方面的特性：

（1）完备性

完备性是指用汇编语言编写各种程序时，指令系统直接提供的指令足够使用，而不必用软件来实现。完备性要求指令系统丰富、功能齐全、使用方便。

（2）有效性

有效性是指利用该指令系统所编写的程序能够高效率地运行。高效率主要是指时空效率，即程序在执行时所占用的存储空间小而执行速度快。

（3）规整性

规整性包括指令系统的对称性、匀齐性、指令格式和数据格式的一致性。

对称性：在指令系统中所有的寄存器和存储器单元都可同等对待，所有的指令都可使用各种寻址方式。

匀齐性：一种操作性质的指令可以支持各种数据类型。

格式一致性：指令长度和数据长度有一定的关系，以方便处理和存取。

（4）兼容性

兼容性主要是指程序的移植性。至少要能做到“向上兼容”，即低档机上运行的软件可以在高档机上运行。

2. 指令的格式

一般来说，指令包括操作码及地址码两部分。操作码用来表示各种不同的操作，或者说操作码指明该指令执行什么类型的操作。地址码指出被操作的数据在内存中存放的位置。但深入讨论指令的构成时，指令中还应有以下信息：

- 操作的种类和性质，我们称之为操作码。
- 操作数的存放地址，在双操作数运算中，如加、减、乘、除、逻辑乘、逻辑加的运算中都需要指定两个操作数，给出两个操作数地址。
- 操作结果存放地址。
- 下条指令存放地址，这样可以保证程序能连续不断地执行下去，直到程序结束。

指令中用不同的代码段表示上述不同信息，这种代码段的划分和含义，就是指令的编码方式，又叫指令格式，通常一条指令中包括操作码字段和若干个地址码字段。有些地址信息可以在指令中明显的给出，称为显地址；也可以依照某种事先的约定，用隐含的方式给出，称为隐地址。

（1）地址码结构

根据指令中显地址的个数可以分为以下几种指令格式：

① 四地址指令

OP	A1	A2	A3	A4

OP：操作码；

A1：第一地址码，存放第一操作数；

A2：第二地址码，存放第二操作数；

A3：第三地址码，存放操作结果；

A4：第四地址码，存放下条要执行指令的地址。

其中：Ai 表示地址，（Ai）表示存放于该地址中的内容。

该指令完成的操作可示意为：（A1）OP（A2）→A3

这种指令直观易懂，后续指令的地址可任意填写。由于程序中大部分指令都是顺序执行的，当采用指令计数器后，A4 地址可以省去；则得到三地址指令。

② 三地址指令

OP	A1	A2	A3

三地址指令中各项含义与四地址指令相同。由于采用了指令计数器（又称程序计数器，简称 PC），省去了 A4 地址；用三地址指令编写的程序，其指令在内存中必须依次存放，才能利用程序计数器自动增量的办法顺序执行。若程序要转向时，必须用转移指令改变程序的执行顺序。

③ 二地址指令

OP	A1	A2

OP：操作码；

A1：既作第一操作数地址，又作目的地址；

A2：第二操作数地址。

该指令完成的操作可示意为：（A1）OP（A2）→A1

使用二地址指令编写的程序，其指令在内存中也要依次存放，才能用程序计数器自动增量使之顺序执行。若程序发生转向时，也必须用转移指令改变程序的执行顺序。当二地址指令执行之后，A1 中的内容被修改了。

④ 一地址指令

指令中只给出一个操作数地址，另一个操作数地址和目的地址则是隐含的。这个隐含的地址就是运算器的累加寄存器 Acc。

OP	A

该指令完成的操作可示意为：（Acc）OP（A）→Acc

采用一地址指令编写的程序，其指令在内存中也要顺序存放，由程序计数器自动增量控制其顺序执行。程序转向时，也用转移指令改变程序的执行方向。在程序执行前，必须用一条“取数指令”把其中一个操作数放到累加寄存器中。

程序结束后，累加寄存器的内容已被修改。若要将累加寄存器中的结果送回内存，则必须使用“存数指令”。

⑤ 零地址指令

没有操作数地址的指令称为零地址指令。

OP

执行零地址指令时，被运算的操作数地址全部是隐含的，指令格式中只说明做什么操作。如停机指令就是零地址指令。

指令中地址码个数的选取需要考虑诸多因素。从缩短程序长度、用户使用方便、增加操作并行度等方面考虑，采用三地址指令格式较好；从缩短指令长度，减少访存次数、简化硬件设计等方面考虑，一地址指令格式较好。对于同一个问题，采用三地址指令编写的程序最短，但指令长度最长；而采用二（一、零）地址指令编写，程序长度变长，但指令的长度变短。比如：完成（X）+（Y）→Z 的操作。

用一条三地址指令编写为：ADDX，Y，Z；

用二地址指令编写则为：ADDX，Y；（X）+（Y）→X

MOVZ，X；（X）→Z

（2）操作码编码

操作码表示该指令应进行什么性质的操作。组成操作码字段的位数一般取决于计算机指令系统的规模，也就是说操作码所占的二进制位数越多，这台计算机所能允许的指令的条数也就越多。

例如，操作码占用 6 位二进制码时，6 位二进制码可以有 000000、000001、…、111111 共计 2^6=64 种状态，每一种状态可以用来表示一种类型的操作，所以这台计算机最多就可以允许有 64 条指令。

操作码字段的编码方案分两种类型：

第一种类型就是采用定长操作码形式编码，也就是说操作码长度固定不变，如同前面介绍的情况。若操作码的长度为 k 位二进制位，则它最多只能有 2^k 条不同的指令。这种格式有利于简化硬件设计，减少指令译码时间，广泛用于字长较长的大、中型计算机和超级小型计算机中。

第二种类型采用可变长度操作码格式，各种指令操作码的位数不同，即操作码的长度是可变的，且分散地放在指令的不同字段中。这种格式有利于压缩程序中操作码的平均长度，在字长较短的微型机中被广泛应用。例如图 3-2 是一种扩展操作码的示意：

OP	A1	A2	A3
4 位	4 位	4 位	4 位

图 3-2　扩展操作码的示意

这是一个 16 位字长的指令码，包括 4 位基本操作码字段和三个 4 位长的地址字段。4 位基本操作码，若全部用于三地址指令，则有 16 条。显然，4 位基本操作码是不够的，必须向地址码字段扩展操作码的长度。其扩展方法及步骤如下：

① 15 条三地址指令的操作码由 4 位基本操作码 0000～1110 所给定，剩下一个 1111 则用于把操作码扩展到 X 地址码字段，即由 4 位扩展到 8 位；

```
0000  XXXX  YYYY  ZZZZ ┐
0001  XXXX  YYYY  ZZZZ │
…                      ├ 15 条三地址指令
1110  XXXX  YYYY  ZZZZ ┘

1111  0000  YYYY  ZZZZ ┐
1111  0001  YYYY  ZZZZ │
…                      ├ 15 条二地址指令
1111  1110  YYYY  ZZZZ ┘
```

② 15 条二地址指令的操作码由 8 位操作码的 1111 0000～1111 1110 给定，剩下的 1111 1111 又可用于把操作码扩充到 Y 地址字段，即从 8 位又扩充到 12 位；

```
1111  1111  0000  ZZZZ ┐
1111  1111  0001  ZZZZ │
…                      ├ 15 条一地址指令
1111  1111  1110  ZZZZ ┘

1111  1111  1111  0000 ┐
1111  1111  1111  0001 │
…                      ├ 16 条零地址指令
1111  1111  1111  1111 ┘
```

③ 15 条一地址指令的操作码由 12 位操作码的 1111 1111 0000～1111 1111 1110 给定，剩下的 1111 1111 1111 又可用于把操作码扩充到 Z 地址字段，即从 12 位又扩充到 16 位；

需要说明的是扩展方法不是唯一的，例如上例中也可扩展为 15 条三地址、14 条二地址、31 条一地址和 16 条零地址指令。由于扩展方法多样，究竟选用哪一种方法有一个重要的原则：使用频度高的指令应分配短的操作码，使用频度低的应分配较长的操作码。

提示

上例中，多留一个码点向下扩展，就可以扩展 2^4 条。例如若一地址指令为 14 条，即编码只到 1111 1111 1101，留下 1111 1111 1110 和 1111 1111 1111 两个码点向下扩展，则零地址指令可以增加 16 条，变为 32 条，同理若一地址指令为 13 条，则零地址指令变为 48 条。

【例 3-1】设某台机器有指令 128 种，用两种操作码编码方案：（1）用固定长度操作码方案设计其操作码编码；（2）如果在 128 种指令中常用指令有 8 种，使用概率为 80%，其余指令使用概率为 20%，采用可变长操作码编码方案设计其编码，求出其操作码的平均长度。

解：（1）采用固定长度操作码编码方案，128 种指令至少需要 7 位操作码，编码分别为：0000000 表示指令 0 的操作码编码、0000001 表示指令 1 的操作码编码、0000010 表示指令 2 的、0000011 表示指令 3 的、……、1111111 表示指令 127 的操作码编码，共计 128 种指令，编码完毕。

（2）采用可变长操作码编码方案，可以将 8 种常用指令用 4 位进行编码，留下 8 种码点用于扩展操作码编码，剩余指令的编码需要将操作码扩展为 8 位，共可扩展 8×16=128 种编码，只取前 120 种编码就够了，具体编码如下：0000 表示指令 0 的操作码编码、0001 表示指令 1 的操作码编码、……、0111 表示指令 7 的操作码编码、10000000 表示指令 8 的操作码编码、10000001 表示指令 9 的操作码编码、……、11110111 表示指令 127 的操作码编码，编码完毕。

根据指令的使用概率求出操作码的平均长度为：4×80%+8×20%=3.2+1.6=4.8 位。

3．寻址方式

所谓寻址，指的是寻找操作数的地址或下一条将要执行的指令地址。寻址类型如图 3-3 所示。

寻址
- 指令寻址
  - 顺序寻址
  - 跳跃寻址
- 数据寻址：立即、直接、间接等

图 3-3　寻址类型

指令寻址比较简单，它又可以细分为顺序寻址和跳跃寻址。顺序寻址可通过程序计数器 PC 加“1”，自动形成下一条指令的地址；跳跃寻址是指程序执行转移指令，需要通过程序转移类指令实现。即当程序执行到转移指令时，下条指令的地址不再由 PC 给出，而是由本条指令给出。

数据寻址方式种类较多，其最终目的都是寻找所需要的操作数。

在前面指令格式中介绍了，指令中不仅应指明要执行什么类型的操作，还要指明参加操作的数据在主存中的存放地址；如果没有采用任何寻址方式，即地址码字段就是参加操作的数据在主存中存放的实际地址，那显然有如下关系成立：如果地址码字段的位数为 n 位，则该指令能够访问存储器的地址范围是 2^n。但在大多数计算机中地址码的位数受指令长度的限制而不会太长，而主存的容量却比较大，导致指令无法访问主存全部空间。如果为了加大访问范围而设置更长的地址码位数，又会导致指令过长、程序设计的灵活性变差等问题。在这种背景下，寻址技术被广泛采用了，即在地址码中给出的地址并不是数据在主存中存放的实际地址，而称之为形式地址。形式地址需要经过某种运算才能够得到能直接访问主存的地址，即有效地址（一般用 EA 表示），从形式地址生成有效地址的各种方式称为寻址方式，即：

$$\text{形式地址} \xrightarrow{\text{寻址方式}} \text{有效地址}$$

下面介绍几种计算机中常用的基本寻址方式。

（1）立即寻址

OP	立即数

指令中给出的不是通常意义上的操作数地址，而是操作数本身，也就是说数据就包含在指令中，只要取出指令，也就取出了可以立即使用的操作数。在取指令时，操作码和操作数被同时取出，不必再次访问主存，从而提高了指令的执行速度。但是，因为操作数是指令的一部分，不能被修改，而且立即数的大小受到指令长度的限制，所以这种寻址方式灵活性最差，通常用于给某一寄存器或主存单元赋初值或提供一个常数。

（2）寄存器寻址

寄存器寻址指令的地址码部分给出某一个通用寄存器的编号，这个指定的寄存器中存放着操作数。操作数 S 与寄存器 Ri 的关系为：

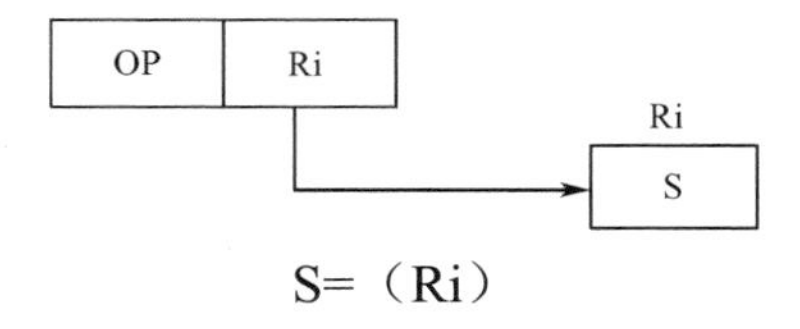

S=（Ri）

寄存器寻址具有两个显著的优点：

① 从寄存器中存取数据比从主存中快得多。

② 由于寄存器的数量较少，其地址码字段比主存单元地址字段短得多。

（3）直接寻址

指令中地址码字段给出的地址 A 就是操作数的有效地址，即形式地址等于有效地址：EA=A。由于这样给出的操作数地址是不能修改的，与程序本身所在的位置无关，所以又叫做绝对寻址方式。

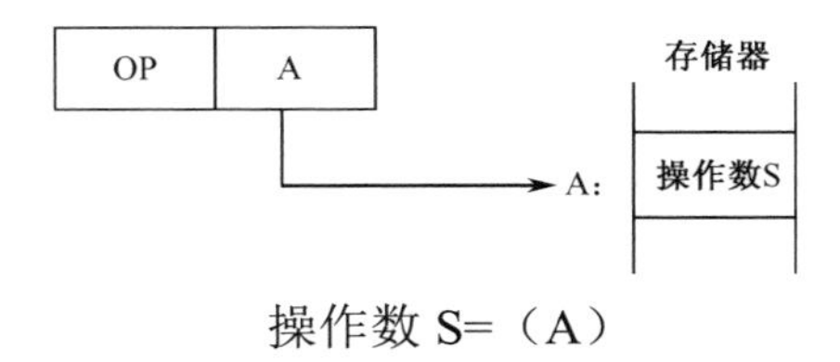

操作数 S=（A）

这种寻址方式不需作任何寻址运算，简单直观，也便于硬件实现，但地址空间受到指令中地址码字段位数的限制。

（4）间接寻址

间接寻址意味着指令中给出的地址 A 不是操作数的地址，而是另一个地址的地址时，所使用的寻址方式称为间接寻址方式。间接寻址方式又可以分为寄存器间接寻址方式和存储器间接寻址方式。

① 寄存器间接寻址方式

在这种寻址方式中，操作数在主存中，指令中给出存放操作数地址的寄存器编号。其寻址过程为：先根据指令中给出的寄存器编号，取出该寄存器中的地址，然后再找到这个地址所对应的内存单元，取出操作数即可。

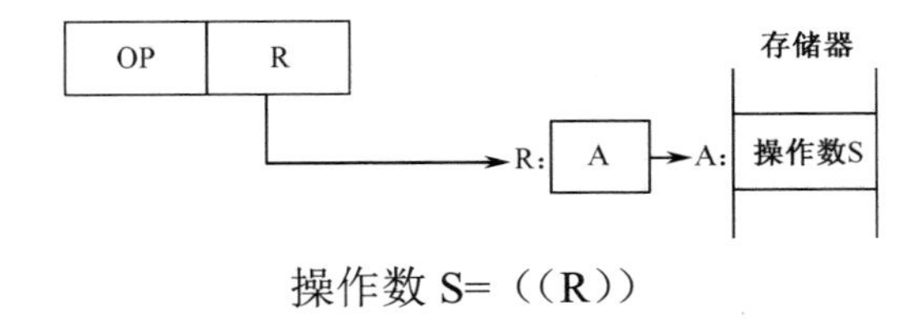

操作数 S=（（R））

② 存储器间接寻址方式

在这种寻址方式中，指令中给出存放操作数地址的存储单元的地址。存放操作数地址的存储单元，称为间址单元。其寻址过程为：先根据指令中给出的间址单元地址，取出存储器中该单元的值，这个值是操作数在存储器中的地址值，然后再根据这个地址找到所对应的内存单元，取出操作数即可。

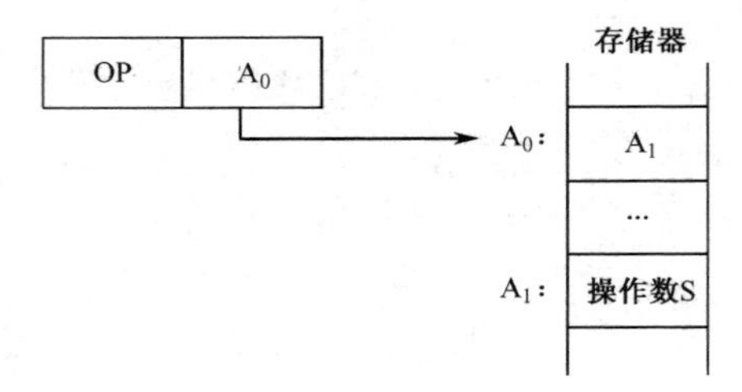

操作数 S=（(A_0)）

（5）变址寻址方式

把变址寄存器 Rx 的内容与指令中给出的形式地址 A 相加，形成操作数的有效地址，即 EA=（Rx）+A。Rx 的内容称为变址值。形式地址为基准地址，变址寄存器提供偏移量。

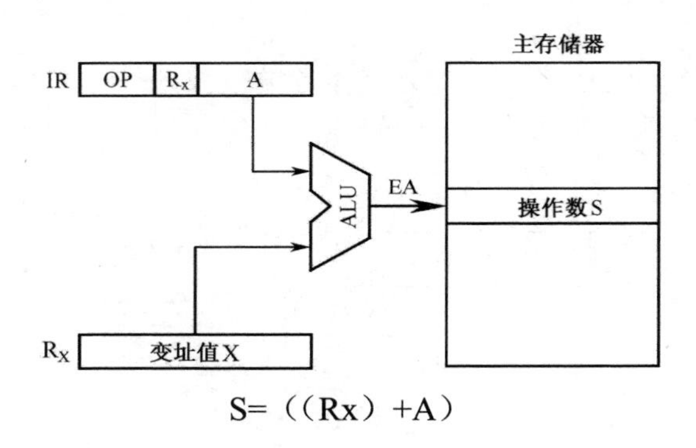

S=（(Rx）+A）

（6）基址寻址

与变址寻址类似，但在基址寻址中，基址寄存器 Rb 提供基准地址，形式地址为偏移量，基址寄存器 Rb 的内容加上指令格式中的形式地址，形成操作数的有效地址，即 EA=（Rb）+A。

S=（(Rb）+A）

（7）相对寻址

把程序计数器 PC 的内容加上指令格式中的形式地址，形成操作数的有效地址。

EA=（PC）+A

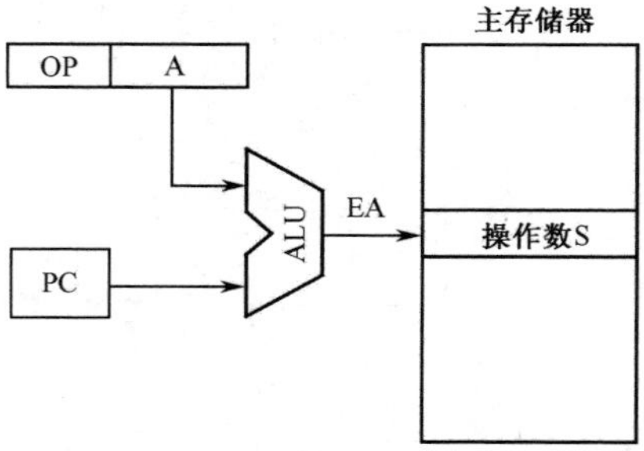

【例 3-2】某机指令格式如图所示：

15　　　　10	9　　　8	7　　　　0
OP	X	D

图中 D 为形式地址，X 为寻址特征位，且 X=0 时，不变址；X=1 时，用变址寄存器 X1 进行变址；X=2 时，用变址寄存器 X2 进行变址；X=3 时，相对寻址。设（PC）=1234H，（X1）=0037H，（X2）=1122H，请确定下列指令的有效地址（均用十六进制数表示，H 表示十六进制）。

（1）4420H　（2）2244H　（3）1322H　（4）3521H　（5）6723H

解：解题思路为将所给的指令写成二进制数形式，并找到 8、9 两位所代表的寻址方式，结合题目含义可得结果为：

（1）0020H　（2）1166H　（3）1256H　（4）0058H　（5）1257H

4．指令类型

一台计算机的指令系统通常有上百条或几百条指令，从它们所完成的功能来看，一个较为完善的指令系统，应具备以下各类指令：

（1）数据传送类指令

这类指令的功能是实现寄存器与寄存器，寄存器与存储单元以及存储单元与存储单元之间的数据传送。数据传送指令主要包括取数指令、存数指令、传送指令、成组传送指令、字节交换指令、清累加器指令、堆栈操作指令等。

（2）算术运算指令

这类指令包括二进制数定点加、减、乘、除指令，浮点数加、减、乘、除指令，求反、求补指令，算术移位指令，算术比较指令，十进制加、减运算指令等。这类指令主要用于定点数或浮点数的算术运算。

（3）逻辑运算指令

这类指令包括逻辑加、逻辑乘、逻辑比较、测等指令、按位加、逻辑移位等指令，主要用于无符号数的位操作、代码的转换、判断及运算。移位指令用来对寄存器的内容实现左移、右移或循环移位。

（4）程序控制指令

程序控制指令也称转移指令。执行程序时，有时机器执行到某条指令时，出现了几种不同结果，这时机器必须执行一条转移指令，根据不同结果进行转移，从而改变程序原来执行的顺序。这种转移指令称为条件转移指令。除各种条件转移指令外，还有无条件转移指令、转子程序指令、返回主程序指令、中断返回指令等。转移指令的转移地址一般采用直接寻址和相对寻址方式来确定。

（5）输入/输出指令

输入/输出指令主要用来启动外围设备，检测外围设备的工作状态，并实现外部设备和 CPU 之间，或外围设备与外围设备之间的信息传送。

（6）字符串处理指令

字符串处理指令是一种非数值处理指令，一般包括字符串传送、字符串转换（把一种编码的字符串转换成另一种编码的字符串）、字符串替换（把某一字符串用另一字符串替换）等。这类指令在文字编辑中对大量字符串进行处理。

（7）特权指令

特权指令是指具有特殊权限的指令。这类指令只用于操作系统或其他系统软件，一般不直接提供给用户使用。在多用户、多任务的计算机系统中特权指令必不可少。它主要用于系统资源的分配和管理。

（8）其他指令

除以上各类指令外，还有状态寄存器置位、复位指令、测试指令、暂停指令，空操作指令，以及其他一些系统控制用的特殊指令。

3.1.3 CPU的控制功能及原理

控制器是计算机系统的指挥中心，它把运算器、存储器、输入/输出设备等部件组成一个有机的整体，然后根据指令的要求指挥全机的工作。

1. 控制器的基本组成

（1）指令部件

指令部件的主要任务是完成取指令并分析指令。指令部件包括：

① 程序计数器

② 指令寄存器

③ 指令译码器

暂存在指令寄存器中的指令只有在其操作码部分经过译码之后才能识别出这是一条什么样的指令，并产生相应的控制信号提供给微操作信号发生器。

④ 地址形成部件

根据指令的不同寻址方式，形成操作数的有效地址。

（2）时序部件

时序部件能产生一定的时序信号，以保证机器的各功能部件有节奏地进行信息传送、加工及信息存储。包括：

① 脉冲源

产生具有一定频率和宽度的时钟脉冲信号，为整个机器提供基准信号。

② 启/停控制逻辑

启/停控制逻辑的作用是根据计算机的需要，可靠地开放或封锁脉冲，控制时序信号的发生或停止，实现对整个机器的正确启动或停止。

③ 节拍信号发生器

节拍信号发生器又称脉冲分配器。脉冲源产生的脉冲信号，经过节拍信号发生器后产生出各个机器周期中的节拍信号，用以控制计算机完成每一步微操作。

（3）微操作信号发生器

一条指令的取出和执行可以分解成很多最基本的操作，这种最基本的不可再分割的操作称为微操作。微操作信号发生器也称为控制单元（CU）。不同的机器指令具有不同的微操作序列。

（4）中断控制逻辑

中断控制逻辑是用来控制中断处理的硬件逻辑。

2. 时序系统

由于计算机高速地进行工作，每一个动作的时间是非常严格的，不能有任何差错。时序系统是控制器的心脏，其功能是为指令的执行提供各种定时信号。

（1）指令周期和机器周期

指令周期是指从取指令、分析取数到执行完该指令所需的全部时间。由于各种指令的操作功能不同，有的简单，有的复杂，因此各种指令的指令周期不尽相同。

机器周期又称 CPU 周期。通常把一个指令周期划分为若干个机器周期，每个机器周期完成一个基本操作。一般机器的 CPU 周期有取指周期、取数周期、执行周期、中断周期等。所以有：指令周期=i×机器周期。

不同的指令周期中所包含的机器周期数差别可能很大。一般情况下，一条指令所需的最短时间为两个机器周期：取指周期和执行周期。

通常，每个机器周期都有一个与之对应的周期状态触发器。机器运行在不同的机器周期时，其对应的周期状态触发器被置“1”。显然，在机器运行的任何时刻只能处于一种周期状态，因此，有且仅有一个触发器被置“1”。

（2）节拍

在一个机器周期内，要完成若干个微操作。因而应把一个机器周期分为若干个相等的时间段，每一个时间段对应一个电位信号，称为节拍电位信号。

节拍的宽度取决于 CPU 完成一次微操作的时间。节拍的选取一般有以下几种方法：

① 统一节拍法

以最复杂的机器周期为准定出节拍数，每一个节拍时间的长短也以最繁的微操作作为标准。这种方法采用统一的、具有相等时间间隔和相同数目的节拍，使得所有的机器周期长度都是相等的，因此称为定长 CPU 周期。

② 分散节拍法

按照机器周期的实际需要安排节拍数，需要多少节拍，就发出多少节拍，这样可以避免浪费，提高时间利用率。由于各机器周期长度不同，故称为不定长 CPU 周期。

③ 延长节拍法

在考虑多数机器周期要求的情况下，选取适当的节拍数，作为基本节拍。如果在某个机器周期内统一的节拍数无法完成该周期的全部微操作，则可以延长一或两个节拍。

④ 时钟周期插入

在一些微型机中，时序信号中不设置节拍，而直接使用时钟周期信号。一个机器周期中含有若干个时钟周期，时钟周期的数目取决于机器周期内完成微操作数目的多少及相应功能部件的速度。一个机器周期的基本时钟周期数确定之后，还可以不断插入等待时钟周期。如 8086 的一个总线周期（即机器周期）中包含四个基本时钟周期 T_1～T_4，在 T_3 和 T_4 之间可以插入任意个等待时钟周期 T_W，以等待速度较慢的存储部件或外部设备完成读或写操作。

（3）工作脉冲

在节拍中执行的有些微操作需要同步定时脉冲，如将稳定的运算结果打入寄存器，又如机器周期状态切换等。为此，在一个节拍内常常设置一个或几个工作脉冲，作为各种同步脉冲的来源。工作脉冲的宽度只占节拍电位宽度的 $1/n$，并处于节拍的末尾部分，以保证所有的触发器都能可靠、稳定地翻转。

在只设置机器周期和时钟周期的微型机中，一般不再设置工作脉冲，因为时钟周期既可以作为电位信号，其前、后沿又可以作为脉冲触发信号。

（4）多级时序系统

图 3-4 为小型机每个指令周期中常采用的机器周期、节拍、工作脉冲三级时序系统。图中每个机器周期 M 中包括四个节拍 T_1～T_4，每个节拍内有一个脉冲 P。在机器周期间、节拍电位间、工作脉冲间既不允许有重叠交叉，也不允许有空隙，应该是一个接一个地准确连接。

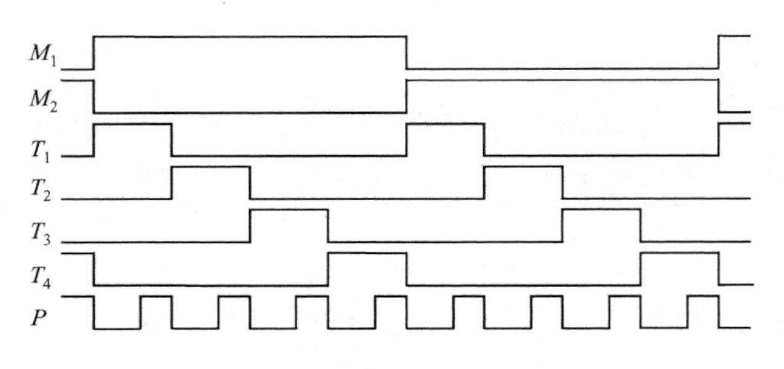

图 3-4　三级时序

3．时序控制方式

（1）同步控制方式

同步控制方式即固定时序控制方式，各项操作都由统一的时序信号控制，在每个机器周期中产生统一数目的节拍电位和工作脉冲。由于不同的指令，操作时间长短不一致。同步控制方式应以最复杂指令的操作时间作为统一的时间间隔标准。

这种控制方式设计简单，容易实现；但是对于许多简单指令来说会有较多的空闲时间，造成较多的时间浪费，从而影响了指令的执行速度。

在同步控制方式中，各指令所需的时序由控制器统一发出，所有微操作都与时钟同步，所以又称为集中控制方式或中央控制方式。

（2）异步控制方式

异步控制方式即可变时序控制方式，各项操作不采用统一的时序信号控制，而根据指令或部件的具体情况决定，需要多少时间，就占用多少时间。

这是一种“应答”方式，各操作之间的衔接是由“结束－起始”信号来实现的。由前一项操作已经完成的“结束”信号，或由下一项操作的“准备好”信号来作为下一项操作的起始信号，在未收到“结束”或“准备好”信号之前不开始新的操作。

异步控制采用不同时序，没有时间上的浪费，因而提高了机器的效率，但是控制比较复杂。

由于这种控制方式没有统一的时钟，而是由各功能部件本身产生各自的时序信号自我控制，故又称为分散控制方式或局部控制方式。

（3）联合控制方式

这是同步控制和异步控制相结合的方式。实际上现代计算机中几乎没有完全采用同步或完全采用异步的控制方式，大多数是采用联合控制方式。一般的设计思想是：在功能部件内部采用同步方式或以同步方式为主的控制方式，在功能部件之间采用异步方式。

4．指令运行的基本过程

（1）取指令阶段

取指令阶段完成的任务是将现行指令从主存中取出来并送至指令寄存器中去。工作流程如图 3-5 所示，具体的操作如下：

① 将程序计数器（PC）中的内容送至存储器地址寄存器（MAR），并送地址总线（AB）。

② 由控制单元（CU）经控制总线（CB）向存储器发读命令。

③ 从主存中取出的指令通过数据总线（DB）送到存储器数据寄存器（MDR）。

④ 将 MDR 的内容送至指令寄存器（IR）中。

⑤ 将 PC 的内容递增，为取下一条指令做好准备。

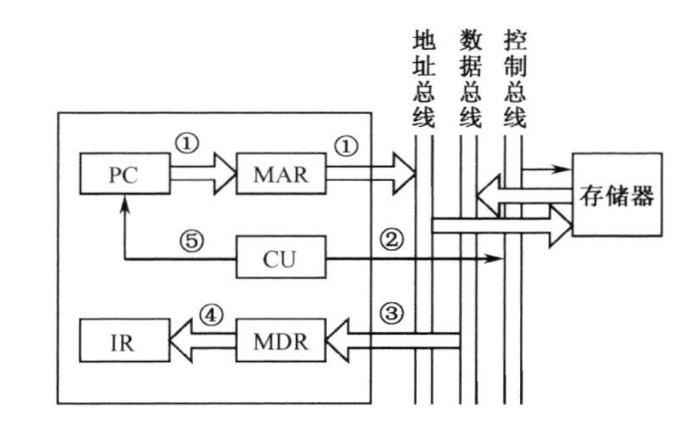

图 3-5　取指周期的工作流程

以上这些操作对任何一条指令来说都是必须要执行的操作，所以称为公共操作。完成取指阶段任务的时间称为取指周期。

（2）分析取数阶段

取出指令后，指令译码器 ID 可识别和区分出不同的指令类型。此时计算机进入分析取数阶段，以获取操作数。由于各条指令功能不同，寻址方式也不同，所以分析取数阶段的操作是各不相同的。

（3）执行阶段

执行阶段完成指令规定的各种操作，形成稳定的运算结果，并将其存储起来。完成执行阶段任务的时间称为执行周期。

计算机的基本工作过程就是取指令、取数、执行指令，然后再取下一条指令……如此周而复始，直至遇到停机指令或外来的干预为止。

5．微程序控制器

（1）控制器的硬件实现

控制器的核心是微操作信号发生器（控制单元 CU）。微操作控制信号是由指令部件提供的译码信号、时序部件提供的时序信号和被控制功能部件所反馈的状态及条件综合形成的。

控制单元的输入包括时序信号、机器指令操作码、各部件状态反馈信号等，输出的微操作控制信号又可以细分为 CPU 内的控制信号和送至主存或外设的控制信号。根据产生微操作控制信号的方式不同，控制器可分为组合逻辑型、存储逻辑型、组合逻辑与存储逻辑结合型 3 种，它们的根本区别在于控制单元的实现方法不同，而控制器中的其他部分基本上是大同小异的。

① 组合逻辑型

采用组合逻辑技术实现，其控制单元是由门电路组成的复杂树形网络。这种方法是分立元件时代的产物，以使用最少器件数和取得最高操作速度为设计目标。

最大优点是速度快。但是控制单元的结构不规整，使得设计、调试、维修较困难，难以实现设计自动化；一旦控制单元构成之后，要想增加新的控制功能是不可能的。因此，它受到微程序控制器的强烈冲击。目前仅有一些巨型机和 RISC 机为了追求高速度仍采用组合逻辑控制器。

② 存储逻辑型

这种控制器称为微程序控制器，是采用存储逻辑来实现的，也就是把微操作信号代码化，使每条机器指令转化为一段微程序并存入一个专门的存储器（控制存储器）中，微操作控制信号由微指令产生。

微程序控制器具有设计规整、调试、维修以及更改、扩充指令方便的优点，易于实现自动化设计，已成为当前控制器的主流。但是，由于它增加了一级控制存储器，所以指令的执行速度比组合逻辑控制器慢。

③ 组合逻辑和存储逻辑结合型

这种控制器称为 PLA（可编程逻辑阵列）控制器，是吸收前两种方法的设计思想来实现的。PLA 控制器实际上也是一种组合逻辑控制器，但它又与常规的组合逻辑控制器的硬件结构不同；它是可编程序的，某一微操作控制信号由 PLA 的某一输出函数产生。

PLA 控制器是组合逻辑技术和存储逻辑技术结合的产物，克服了两者的缺点，是一种较有前途的方法。

（2）微程序控制的基本概念

组合逻辑控制器的主要缺点是操作命令的设计没有一定的规律，调整、维护困难，修改扩充指令更加困难。

改进办法是采用微程序设计技术。微程序设计思想是英国剑桥大学的威尔克斯（M • V • Wilkes）1951 年提出的，他提出一条机器指令可以分解为许多基本的微命令序列，并且首先把这种思想用于计算机控制器的设计。但由于控制存储器速度低、价格高等原因，微程序技术一直处于停滞阶段。直到 1964 年，由于半导体技术的发展以及研制大型机和系列机的推动，微程序设计技术开始兴旺起来。IBM360 系统的诞生，可以作为微程序设计发展的标志。

有关术语：

① 微命令和微操作

一条机器指令可以分解成一个微操作序列，这些微操作是计算机中最基本的、不可再分解的操作。在微程序控制的计算机中，将控制部件向执行部件发出的各种控制命令叫做微命令，它是构成控制序列的最小单位。例如：打开或关闭某个控制门的电位信号、某个寄存器的打入脉冲等。因此，微命令是控制计算机各部件完成某个基本微操作的命令。

微命令和微操作是一一对应的。微命令是微操作的控制信号，微操作是微命令的操作过程。

微命令有兼容性和互斥性之分。兼容性微命令是指那些可以同时产生，共同完成某一些微操作的微命令；而互斥性微命令是指在机器中不允许同时出现的微命令。兼容和互斥都是相对的，一个微命令可以和一些微命令兼容，和另一些微命令互斥。对于单独一个微命令，谈论其兼容和互斥都是没有意义的。

② 微指令和微地址

微指令是指控制存储器中的一个单元的内容，即控制字，是若干个微命令的集合。存放控制字的控制存储器的单元地址就称为微地址。

一条微指令通常包含两部分。

- 操作控制字段，又称微操作码字段，用予产生某一步操作所需的各微操作控制信号；
- 顺序控制字段，又称微地址码字段，用以控制产生下一条要执行的微指令地址。

微指令有垂直型和水平型之分。垂直型微指令接近于机器指令的格式，每条微指令只能完成一个基本微操作；水平型微指令则具有良好的并行性，每条微指令可以完成较多的基本微操作。

③ 微周期

从控制存储器中读取一条微指令并执行相应的微命令所需的全部时间称为微周期。

④ 微程序

一系列微指令的有序集合就是微程序。每一条机器指令都对应一个微程序。

（3）微程序控制器的组成和工作过程

1）微程序控制器的基本组成

图 3-6 给出了一个微程序控制器基本结构的简化框图，图中主要画出了微程序控制器比组合逻辑控制器多出的部件，包括以下几个部分：控制存储器、微指令寄存器、微地址形成部件、微地址寄存器等。

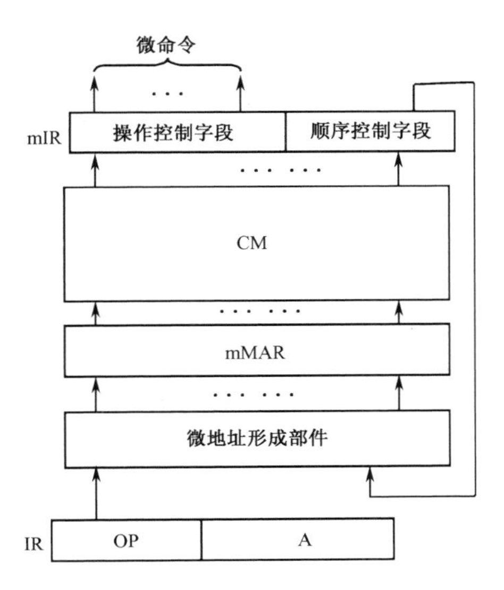

图 3-6　微程序控制器基本结构

① 控制存储器（CM）

这是微程序控制器的核心部件，用来存放微程序。

② 微指令寄存器（mIR）

用来存放从 CM 中取出的微指令。

③ 微地址形成部件

用来产生初始微地址和后继微地址。

④ 微地址寄存器（mMAR）

接收微地址形成部件送来的微地址，为在 CM 中读取微指令做准备。

2）微程序控制器的工作过程

微程序控制器的工作过程实际上就是在微程序控制器的控制下计算机执行机器指令的过程，该过程可描述如下：

① 执行取指令公共操作。取指令的公共操作通常由一个取指微程序来完成，这个取指微程序也可能仅由一条微指令组成。具体的执行是：在机器开始运行时，自动将取指微程序的入口微地址送 mMAR，并从 CM 中读出相应的微指令送入 mIR。微指令的操作控制字段产生有关的微命令，用来控制计算机实现取机器指令的公共操作。取指微程序的入口地址一般为 CM 的 0 号单元，当取指微程序执行完后，从主存中取出的机器指令就已存入指令寄存器 IR 中了。

② 由机器指令的操作码字段通过微地址形成部件产生该机器指令所对应的微程序的入口地址，并送入 mMAR。

③ 从 CM 中逐条取出对应的微指令并执行之。

④ 执行完对应于一条机器指令的一个微程序后又回到取指微程序的入口地址，继续第①步，以完成取下一条机器指令的公共操作。

以上是一条机器指令的执行过程，如此周而复始，直到整个程序执行完毕为止。

3）机器指令对应的微程序

通常一条机器指令对应一个微程序。由于任何一条机器指令的取指令操作都是相同的，因此将取指令操作的微命令统一编成一个微程序，这个微程序只负责将指令从主存单元中取出送至指令寄存器中。此外，也可以编出对应间址周期的微程序和中断周期的微程序。这样，控制存储器中的微程序个数应为机器指令数再加上对应取指、间址和中断周期等公用的微程序数。

3.2 存储器

现代计算机是依据存储程序控制的原理而设计的。计算机的指令和处理对象，都存放在存储器中。存储器采用什么样的存储介质、怎样组织存储系统，以及怎样控制存储器的存取操作都是至关重要的。怎样用较低的成本研制高速度、大容量的存储器，以满足各种应用的需要，成为存储系统设计中的核心问题。计算机的存储器可分为主存储器（简称主存或内存）和辅助存储器（简称外存），主存储器又可分为随机存储器和只读存储器。为提高访问存储器的速度，在 CPU 和主存之间又增加一级高速缓冲存储器。本章介绍存储器的基本工作原理、组成以及提高存储器性能的重要途径——高速缓冲存储器和虚拟存储器。

3.2.1 存储器的层次结构与分类

1. 存储器的分类

随着计算机系统结构和存储技术的发展，存储器的种类日益繁多，根据不同的特性可对存储器进行不同的分类，下面介绍几种常见的分类方法。

（1）按存储器在计算机系统中的作用分类

① 高速缓冲存储器（Cache）

高速缓冲存储器用来存放当前计算机正在执行的程序段和数据，提高 CPU 执行速度。高速缓冲存储器的存取速度可以与 CPU 的速度相匹配，但存储容量较小，价格较高，一般采用 SRAM 构成。目前的高档微型计算机中通常将 Cache 或 Cache 的一部分放在 CPU 内部，称为片内 Cache。

② 主存储器

主存用来存放计算机运行期间所需要的程序和数据，CPU 可直接随机地进行读/写访问。主存的容量相对于 Cache 来说要大，存取速度要低，一般采用 DRAM 构成。但 CPU 要频繁地访问它，因此主存的性能对整个计算机的性能影响很大。

③ 辅助存储器

辅助存储器也称为外存储器，简称外存，包括磁存储器、光存储器等低速存储器。用来存放当前暂不参与运行的程序和数据以及一些需要永久性保存的信息。辅存设在主机外部，具有存储容量大、存取速度低、位价格低等特点。CPU 不能直接访问外存。辅存中的信息必须通过专门的程序调入主存后，CPU 才能使用。

课堂讨论

请写出计算机的常见外存类型名称及容量，比如：硬盘 60/80/120GB……

外存类型	常见容量

（2）按存取方式分类

① 随机存取存储器（RAM）

CPU 可以对存储器中的内容随机地存取，CPU 对任何一个存储单元的写入和读出时间是一样的，即存取时间相同，与其所处的物理位置无关。

② 只读存储器（ROM）

ROM 可以看作 RAM 的一种特殊形式，其特点是：存储器的内容只能随机读出而不能写入。这类存储器常用来存放那些不需要改变的信息。

③ 顺序存取存储器（SAM）

SAM 的内容只能按某种顺序存取，存取时间的长短与信息在存储体上的物理位置有关，所以 SAM 只能用平均存取时间作为衡量存取速度的指标。

④ 直接存取存储器（DAM）

DAM 既不像 RAM 那样能随机地访问任一个存储单元，也不像 SAM 那样完全按顺序存取，而是介于两者之间。当要存取所需的信息时，第一步直接指向整个存储器中的某个小区域；第二步在小区域内顺序检索或等待，直至找到目的地后再进行读/写操作。

（3）按存储介质分类

① 磁芯存储器

采用具有矩形磁滞回线的磁性材料，利用两种不同的剩磁状态表示“1”或“0”。磁芯存储器的特点是信息可以长期存储，不会因断电而丢失；但磁芯存储器的读出是破坏性读出，即不论磁芯原存的内容为“0”还是“1”，读出之后磁芯的内容一律变为“0”。

② 半导体存储器

采用半导体器件制造的存储器，主要有 MOS 型存储器和双极型存储器两大类。MOS 型存储器集成度高、功耗低、价格便宜、存取速度较慢；双极型存储器存取速度快、集成度较低、功耗较大、成本较高。半导体 RAM 存储的信息会因为断电而丢失。

③ 磁表面存储器

在金属或塑料基体上，涂覆一层磁性材料，用磁层存储信息，常见的有磁盘、磁带等。由于它的容量大、价格低、存取速度慢，故多用做辅助存储器。

④ 光存储器

采用激光技术控制访问的存储器，一般分为只读式、一次写入式、可读/写式 3 种，它们的存储容量都很大，是目前使用非常广泛的辅助存储器。

（4）按信息的可保存性分类

断电后，存储信息即消失的存储器，称易失性存储器。断电后信息仍然保存的存储器，称非易失性存储器。

如果某个存储单元所存储的信息被读出时，原存信息将被破坏，则称破坏性读出；如果读出时，被读单元原存信息不被破坏，则称非破坏性读出。具有破坏性读出的存储器，每当一次读出操作之后，必须紧接一个重写（再生）的操作，以便恢复被破坏的信息。

2. 存储器的层次结构

为了解决存储容量、存取速度和价格之间的矛盾，通常把各种不同存储容量、不同存取速度的存储器，按一定的体系结构组织起来，形成一个整体的存储系统。

多级存储层次从 CPU 的角度来看，n 种不同的存储器（M1～Mn）在逻辑上是一个整体。如图 3-7 所示。其中：M1 速度最快、容量最小、位价格最高；Mn 速度最慢、容量最大、位价格最低。整个存储系统具有接近于 M1 的速度，相等或接近 Mn 的容量，接近于 Mn 的位价格。在多级存储层次中，最常用的数据在 M1 中，次常用的在 M2 中，最少使用的在 Mn 中。

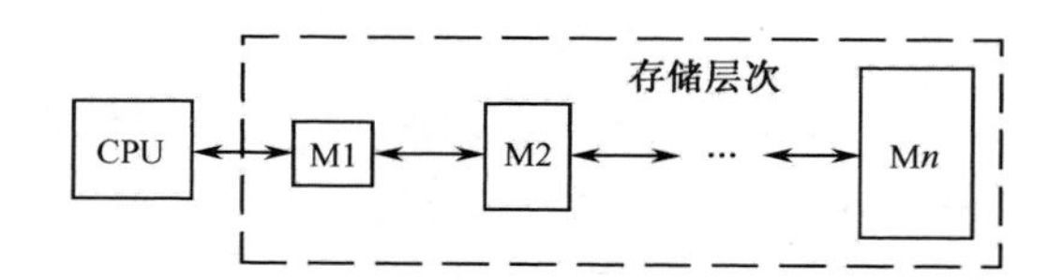

图 3-7 多级存储层次

目前现代计算机都采用如图 3-8 所示的三级存储器体系结构：

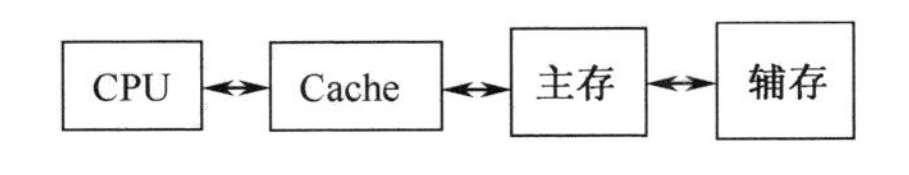

图 3-8　三级存储体系

由 Cache、主存储器、辅助存储器构成的三级存储体系可以分为两个层次：Cache—主存存储层次是为解决主存速度不足而提出来的，从 CPU 看，速度接近 Cache 的速度，容量是主存的容量，每位价格接近于主存的价格；主存—辅存存储层次是为解决主存容量不足而提出来的，从 CPU 看，速度接近主存的速度，容量是虚拟的地址空间，每位价格是接近于辅存的价格。

3.2.2　半导体主存储器

1．主存储器的概述

CPU 可以直接存取的存储器称为主存储器，它的每个存储单元都是可以随机访问的。所谓随机访问是指 CPU 对任何一个存储单元的写入和读出时间是一样的，与存储单元所处的物理位置无关。这种访问方式的存储器称为随机访问存储器（Random Access Memory），简称 RAM。只读不写的存储器，但读出仍是随机的，我们称这种存储器为只读存储器（Read Only Memory），简称 ROM。ROM 主要用来存储那些固定不变但又需要频繁访问的程序和数据。ROM 和 RAM 都属于主存储器，CPU 对它们统一编址访问。

存储器中最小的存储单位就是存储元，它可以存储一个二进制代码。由若干个存储元组成一个存储单元，每一个存储单元都有唯一编号，称为单元地址，CPU 通过该单元地址访问相应的存储单元。许多个存储单元组成一个存储体。

在计算机执行程序的过程中，CPU 需要不断的访问主存储器，获取指令、获取操作数，运算完毕后还要将结果存回到主存中。因此，计算机运算的速度、指令的执行速度在很大程度上取决于对存储器的访问速度。

（1）主存储器的主要性能指标

主存储器的主要性能指标可以从以下几个方面阐述：

① 容量

主存储器是随机访问存储器，每访问一次主存储器，读出（或写入）的单位是一个字，其二进制位数叫做字长。字长通常是 8 的倍数，以满足存放字符的要求。现在计算机为了直接处理字符，可以一次读出一个字节。以字或字节为单位的存储单元总数，称为主存储器的存储容量。

② 存取速度

- 存取时间 T_a

存取时间又称为访问时间或读写时间，它是指从启动一次存储器操作到完成该操作所经历的时间。例如：读出时间是指从 CPU 向主存发出有效地址和读命令开始，直到将被选单元的内容读出为止所用的时间；写入时间是指从 CPU 向主存发出有效地址和写命令开始，直到信息写入被选中单元为止所用的时间。显然 T_a 越小，存取速度越快。

- 存取周期 T_m

存取周期又可称做读写周期、访问周期，是指主存进行一次完整的读写操作所需的全部时间，即连续两次访问存储器操作之间所需要的最短时间。显然，一般情况下，$T_m > T_a$。这是因为对于任何一种存储器，在读写操作之后，总要有一段恢复内部状态的复原时间。对于破坏性读出的 RAM，存取周期往往比存取时间要大得多，甚至可以达到 $T_m=2T_a$，这是因为存储器中的信息读出后需要马上进行重写（再生）。

③ 主存带宽 B_m

主存的带宽又称为数据传输率，表示每秒从主存进出信息的最大数量，单位为字每秒或字节每秒或位每秒。目前，主存提供信息的速度还跟不上 CPU 处理指令和数据的速度，所以，主存的带宽是改善计算机系统瓶颈的一个关键因素。为了提高主存的带宽，可以采取提高带宽的方法是缩短存储周期、增加一次读出的字长、多个存储器同时工作等措施。

④ 存储器的可靠性

半导体等有源存储器会因断电破坏所存储的数据，电荷型存储器会因长时间漏电导致信息消失。磁表面存储器也会因为温度、磁场、振动的作用受到破坏。ROM 虽然可靠，但不能写入数据。显然，理想的存储器是既能方便读、写，又具有非易失性。

（2）主存储器的组织与结构

主存通常由存储体、地址译码驱动电路、I/O 和读写电路组成，如图 3-9 所示。存储体是主存储器的核心，程序和数据都存放在存储体中。存储体由存储单元构成，一个存储单元可以存储若干位二进制信息。

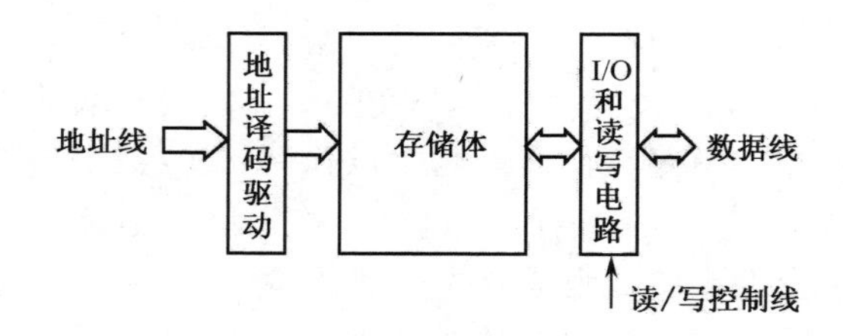

图 3-9 主存储器的结构

地址译码驱动电路实际上包含译码器和驱动器两部分。译码器将地址总线输入的地址码转换成与之对应的译码输出线上的有效电平，以表示选中了某一存储单元，然后由驱动器提供驱动电流去驱动相应的读写电路，完成对被选中存储单元的读写操作。

I/O 和读写电路包括读出放大器、写入电路和读写控制电路，用以完成被选中存储单元中各位的读出和写入操作。

2. 基本记忆单元

前面介绍了计算机中通常把寻址单位叫存储单元。一个存储单元可以存放一个数据字或一个字节。一个存储单元由若干个基本的记忆单元（存储元）组成，一个记忆单元（存储元）存放一位二进制数。下面介绍一些常见的基本记忆单元。

存储体就是由一个个的基本记忆单元构成的。

（1）随机存储器的记忆单元

半导体存储器自 20 世纪 70 年代初，进入主存应用领域，并依靠其速度快、体积小、集成度高、功耗低、价格便宜等一系列优点，很快代替了磁芯存储器。

半导体存储器从工作原理上分为双极（bipolar）型和 MOS（metal-oxide semicondactor）型两类。前者速度高、功耗大、集成度低，用于小容量的高速存储器；后者功耗小、集成度高、价格便宜，更适于用在大容量随机存储器中。

MOS 存储器按工作原理分为静态和动态两种。静态 MOS 存储器基于触发器的工作原理，只要不断电，就可以保存信息。动态 MOS 存储器利用 MOS 管极间电容储存电荷保存信息，其功耗更小，集成度更高，价格更低，在主存中获得大量使用。

① 静态随机存储器（SRAM）的记忆单元

以 MOS 型静态随机存储器为例说明其工作原理。

MOS 管是一种场效应器件，有源极（S）、栅极（G）和漏极（D），栅极和源极、漏极之间都是绝缘的，如图 3-10 所示。当栅极上加高电位时，栅极绝缘层下面的感应电荷，在源漏之间形成一个导电沟道，使管子导通，源漏电位相等。当栅极加低电位时，不能形成导电沟道，S，D 不导通，管子截止。

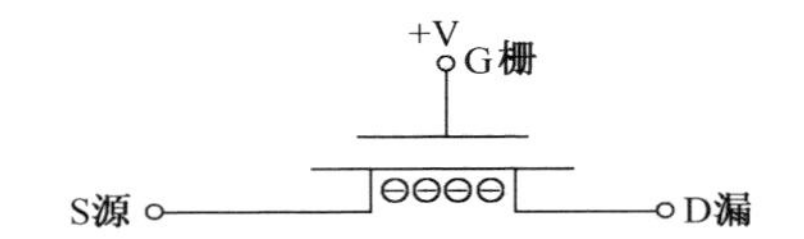

图 3-10　MOS 场效应管

用 6 个 MOS 管子，可构成一个静态的记忆单元，存储一位二进制数信息。其电路如图 3-11 所示。

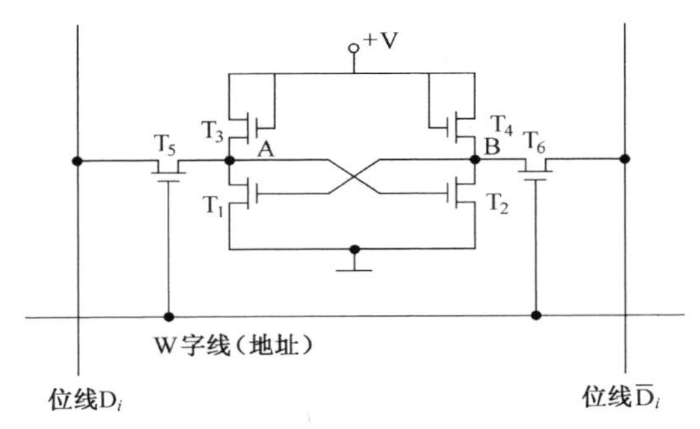

图 3-11　6 管 MOS 静态记忆单元

它是由两个 MOS 反相器 T_1 和 T_2 交叉耦合而成的触发器，T_3、T_4 是 T_1、T_2 管的负载管，T_5、T_6 管构成门控电路，控制读写操作。这种电路有两个稳定的状态，并且 A、B 两点的电位总是互为相反的，因此它能表示一位二进制数的 1 和 0。

写操作：写“1”时在位线 D_i 上输入高电位，在位线 $\overline{D_i}$ 上输入低电位，开启 T_5、T_6 两个晶体管，把高、低电位分别加在 A、B 点，使 T_1 管截止，T_2 管导通，将“1”写入存储元；写“0”时在位线 D_i 上输入低电位，在位线 $\overline{D_i}$ 上输入高电位，打开 T_5、T_6 两个晶体管，把低、高电位分别加在 A、B 点，使 T_1 管导通，T_2 管截止，将“0”信息写入了存储元。

读操作：若某个存储元被选中，则该存储元的 T_5、T_6 管均导通，A、B 两点与位线 D_i 与 $\overline{D_i}$ 相连，存储元的信息被送出。送出的信号需接一个差动读出放大器，从其电流方向可以判知所存信息是“1”还是“0”。

静态存储单元为非破坏性读出，抗干扰能力强，可靠性高，速度快，但每个存储单元需用管子多，集成度不高，功耗也较大，常用来做高速存储器使用。

② 动态 MOS 随机存储器（DRAM）的记忆单元

MOS 电路由于其栅极与其他部分绝缘，具有很高的阻抗，可利用栅极电容储存记忆电荷，因此又称之为电荷存储型记忆电路。

组成动态记忆单元电路的有 4 管方案、3 管方案和单管方案，最常用的是单管方案。如图 3-12 所示。

单管动态存储元电路由一个管子 T 和一个电容 Cs 构成。写入时字选择线为“1”，T 管导通，写入信息由位线 D（数据线）存入电容 Cs 中；读出时字选择线为“1”，存储在电容 Cs 上的电荷，通过 T 输出到数据线上，通过读出放大器即可得到存储信息。

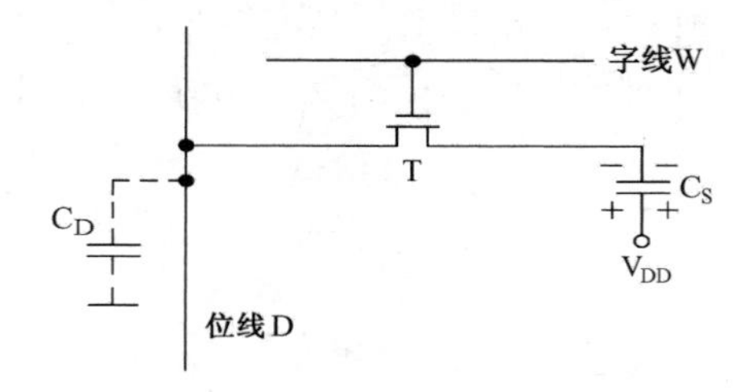

图 3-12　单管 MOS 记忆单元

这种电路的优点是：每个单元用的元件少，可以大大提高每个芯片上的集成容量，降低成本，同时功耗也小。但因电路上存在漏电，电容上的电荷会逐渐泄漏而丢失信息，通常电容上的电荷可保持几个毫秒。为了长久保持存储的信息，必须在信息消失前不断地补充充电，刷新原来的内容。这种刷新操作必须不断地、周期性地进行，因而称为动态存储器。

（2）只读存储器的记忆单元

上述 SRAM 及 DRAM 共同的特点是当去掉电源时，存储的数据自然消失，因此称为易失性（volatile）存储器。计算机中，磁盘、光盘上存储的信息是非易失性的。半导体存储器中，只读存储器也是非易失性的存储器，或叫非挥发性器件。

ROM 是只能读出，不能写入的存储电路，或者说只能一次性写入的存储电路。常用于存放固定程序。ROM 可分为以下几类。

① 掩模型 ROM

掩模型 ROM 由厂家生产时制成。对每个记忆单元，存储“1”或存储“0”信息，是由在该单元处是否连接一个二极管（或三极管，MOS 管）决定的。如下图 3-13 所示。

这种掩模型 ROM 集成度高，成本低，工作可靠，但不灵活，用户没有丝毫修改余地。

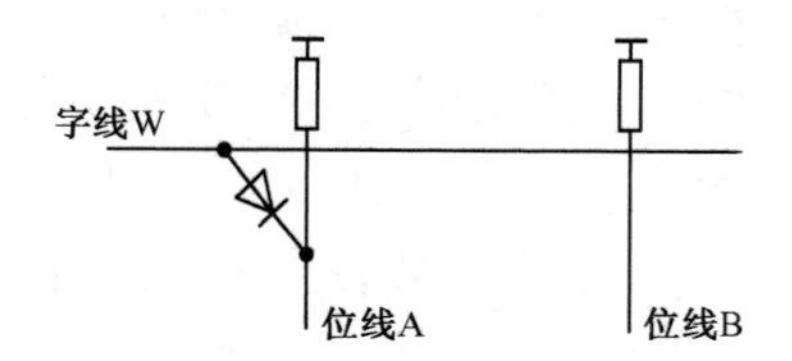

图 3-13　存储“1”、“0”信息的 ROM

② 可编程序只读存储器（PROM）

可编程序只读存储器比掩模型 ROM 使用起来方便一些。用户使用前可对 PROM 器件进行一次编程，写入需要的内容，但当写入程序后，PROM 的内容再也不能改变。一般使用熔丝型 PROM。如图 3-14 所示。

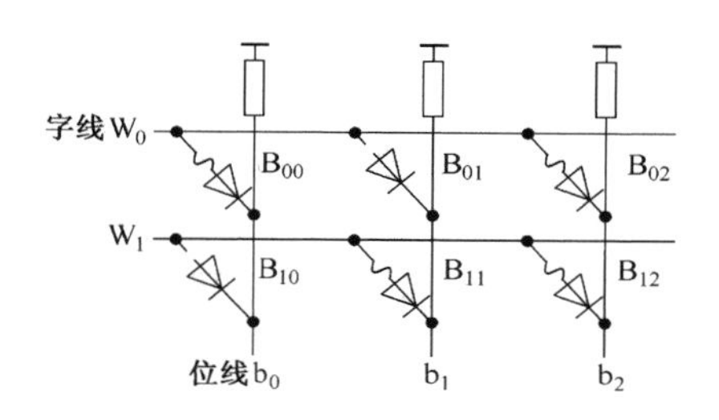

图 3-14　熔丝型 PROM 原理

③ 可改写可编程只读存储器（EPROM）

目前用的最多的 EPROM 是采用浮动栅雪崩注入型 MOS 管构成的。这种电路可以多次编程，为用户带来方便，但每次擦除需要长时间的紫外线照射（约 15 分钟），写入时也需要特殊装置，使用起来并不方便。这种可擦除的 PROM 又叫 UVEPROM。

④ 电可擦除可编程只读存储器（E^2PROM）

为了不拔下 EPROM 芯片实现在线擦除改写的要求，又研制了利用电子方法擦除其中内容的 E^2PROM 电路。其擦除机理是在浮动栅上面又增加一个控制栅极。

这种电路的擦除操作分为字节擦除和全片擦除两种。但擦除时间不同，约为 10～20ms。

电可擦可编程只读存储器，虽可反复修改存储内容，但擦除速度慢，擦写操作复杂，所以还不能当做随机存储器使用。

（3）闪速存储器

闪速存储器（Flash Memory）又叫快擦存储器。擦除时是按数据块擦除，不能按字节擦除。快擦存储器的擦写次数在 10 万次以上，读取时间小于 90ns，具有集成度高、价格低、非易失性等优点。

闪速存储器在某些应用中可代替磁盘又称硅盘，比硬盘速度高、功耗低、体积小、可靠性高等特点，还可应用于数据采集系统中，周期性的分析采集到的数据，然后擦掉重复使用。

3．半导体主存储器的组成及寻址

（1）RAM 芯片分析

RAM 芯片通过地址线、数据线和控制线与外部连接。地址线是单向输入的，其数目与芯片容量有关。如容量为 1024×4 时，地址线有 10 根；容量为 64K×1 时，地址线有 16 根。数据线是双向的，既可输入，也可输出，其数目与数据位数有关。如 1024×4 的芯片，数据线有 4 根；64K×1 的芯片，数据线只有 1 根。控制线主要有读写控制线和片选线两种，读写控制线用来控制芯片是进行读操作还是写操作的，片选线用来决定该芯片是否被选中。

由于 DRAM 芯片集成度高，容量大，为了减少芯片引脚数量，DRAM 芯片把地址线分成相等的两部分，分两次从相同的引脚送入。两次输入的地址分别称为行地址和列地址，行地址由行地址选通信号 $\overline{RAS}$ 送入存储芯片，列地址由列地址选通信号 $\overline{CAS}$ 送入存储芯片。

由于采用了地址复用技术，因此，DRAM 芯片每增加一条地址线，实际上是增加了两位地址，也即增加了四倍的容量。

（2）地址译码方式

① 单译码方式

单译码方式又称字选法，所对应的存储器是字结构的。容量为 M 个字的存储器（M 个字，每字 b 位），排列成 M 行×b 列的矩阵，矩阵的每一行对应一个字，有一条公用的选择线 W_i，称为字线。地址译码器集中在水平方向，K 位地址线可译码变成 2^K 条字线，$M=2^K$。字线选中某个字长为 b 位的存储单元，经过 b 根位线可读出或写入 b 位存储信息。

字结构、单译码方式 RAM 如图 3-15 所示：

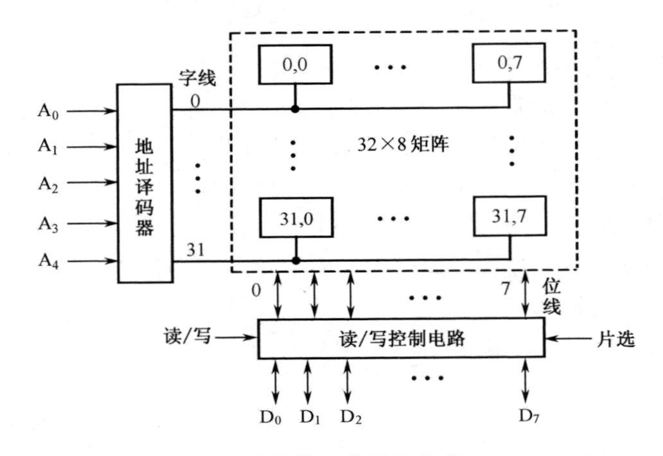

图 3-15 字结构、单译码方式 RAM

图 3-15 中有 $2^5×8=256$ 个记忆单元，排列成 32 个字，每个字长 8 位。有 5 条地址线，经过译码产生 32 条字线 W_0～W_{31}。某一字线被选中时，同一行中的各位 b_0～b_7 就都被选中，由读写电路对各位实施读出或写入操作。

字结构的优点是结构简单，缺点是使用的外围电路多，成本昂贵。更严重的是，当字数大大超过位数时，存储体会形成纵向很长而横向很窄的不合理结构，所以这种方式只适用于容量不大的存储器。

② 双译码方式

双译码方式又称为重合法。通常是把 K 位地址线分成接近相等的两段，一段用于水平方向作 X 地址线，供 X 地址译码器译码；一段用于垂直方向作 Y 地址线，供 Y 地址译码器译码。X 和 Y 两个方向的选择线在存储体内部的每个记忆单元上交叉，以选择相应的记忆单元。

双译码方式对应的存储芯片结构可以是位结构的，也可以是字结构的。对于位结构的存储芯片，容量为 M×1，把 M 个记忆单元排列成存储矩阵（尽可能排列成方阵）。

图 3-16 结构是 4096×1，排列成 64×64 的矩阵。地址码共 12 位，X 方向和 Y 方向各 6 位。若要组成一个 M 字×b 位的存储器，就需要把 b 片 M×1 的存储芯片并列连接起来，即在 Z 方向上重叠 b 个芯片。

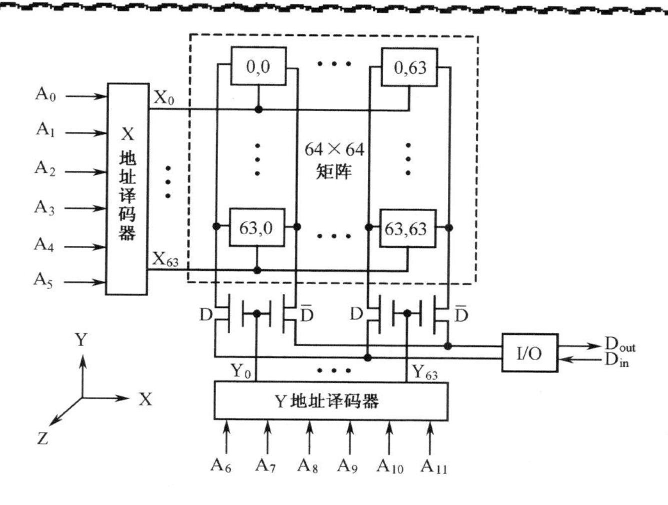

图 3-16　位结构、双译码方式 RAM

（3）主存容量的扩展

由于存储芯片的容量有限的，主存储器往往要由一定数量的芯片构成的。

要组成一个主存，首先要考虑选片的问题，然后就是如何把芯片连接起来的问题。根据存储器所要求的容量和选定的存储芯片的容量，就可以计算出总的芯片数，即：

$$总片数=\frac{总容量}{容量/片}$$

将多片组合起来常采用位扩展法、字扩展法、字和位同时扩展法。

① 位扩展

位扩展是指只在位数方向扩展（加大字长），而芯片的字数和存储器的字数是一致的。位扩展的连接方式是将各存储芯片的地址线、片选线和读写线相应地并联起来，而将各芯片的数据线单独列出。

如用 64K×1 的 SRAM 芯片组成 64K×8 的存储器，所需芯片数为：

$$\frac{64K\times 8}{64K\times 1}=8\ 片$$

CPU 将提供 16 根地址线（2^{16}=65536）、8 根数据线与存储器相连；而存储芯片仅有 16 根地址线、1 根数据线。具体的连接方法是：8 个芯片的地址线 A_{15}～A_0 分别连在一起，各芯片的片选信号 $\overline{CS}$ 以及读写控制信号 $\overline{WE}$ 也都分别连到一起，只有数据线 D_7～D_0 各自独立，每片代表一位。

当 CPU 访问该存储器时，其发出的地址和控制信号同时传给 8 个芯片，选中每个芯片的同一单元，相应单元的内容被同时读至数据总线的各位，或将数据总线上的内容分别同时写入相应单元。如图 3-17 所示。

② 字扩展

字扩展是指仅在字数方向上扩展，而位数不变。字扩展将芯片的地址线、数据线、读写线并联，由片选信号来区分各个芯片。

如用 16K×8 的 SRAM 组成 64K×8 的存储器，所需芯片数为：

$$\frac{64K\times 8}{16K\times 8}=4\ 片$$

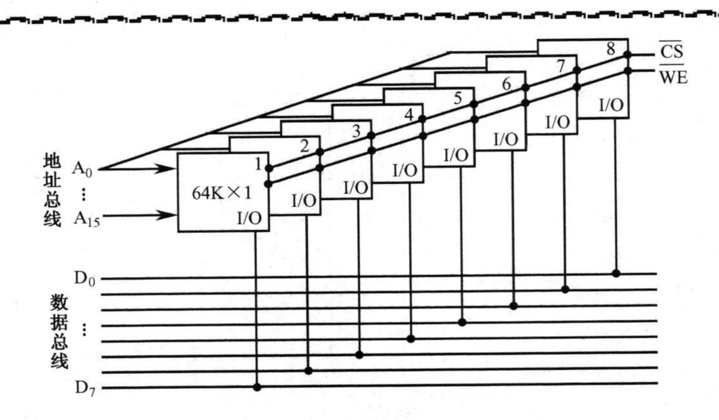

图 3-17 位扩展连接举例

CPU 将提供 16 根地址线、8 根数据线与存储器相连；而存储芯片仅有 14 根地址线、8 根数据线。四个芯片的地址线 A_{13}～A_0、数据线 D_7～D_0 及读写控制信号 $\overline{WE}$ 都是同名信号并联在一起；高位地址线 A_{15}、A_{14} 经过一个地址译码器产生四个片选信号 $\overline{CS_i}$，分别选中四个芯片中的一个。如图 3-18 所示。

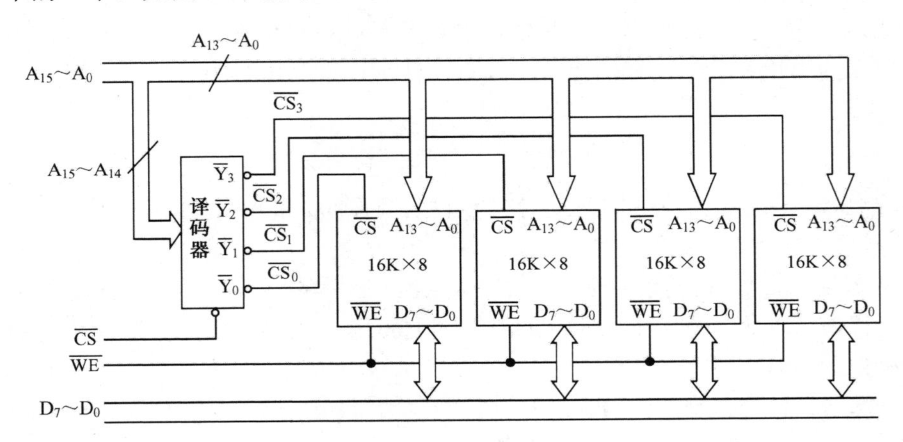

图 3-18 字扩展连接举例

在同一时间内四个芯片中只能有一个芯片被选中。$A_{15}A_{14}$=00，选中第一片，$A_{15}A_{14}$=01，选中第二片，……。四个芯片的地址分配如下：

第一片最低地址 0000 0000 0000 0000B 0000H

最高地址 0011 1111 1111 1111B 3FFFH

第二片最低地址 0100 0000 0000 0000B 4000H

最高地址 0111 1111 1111 1111B 7FFFH

第三片最低地址 1000 0000 0000 0000B 8000H

最高地址 1011 1111 1111 1111B BFFFH

第四片最低地址 1100 0000 0000 0000B C000H

最高地址 1111 1111 1111 1111B FFFFH

③ 字和位同时扩展

当构成一个容量较大的存储器时，往往需要在字数方向和位数方向上同时扩展，这将是前两种扩展的组合，实现起来也是很容易的。

图 3-19 所示为字和位同时扩展举例，由 8 片 16K×4 的 SRAM 芯片构成 64K×8 的存储器，由于在字和位两个方向上的位数都不够，需在字和位两个方向上同时扩展。$A_{15}A_{14}$ 地址通过译码器产生四个片选信号，分别选中一组两个 16K×4 的 SRAM 芯片，A_{13}～A_0 直接与两个芯片的同一个存储单元相连，由其中一个芯片提供高 4 位数据，另外一个芯片提供低 4 位数据。

（4）存储芯片的地址分配和片选

CPU 要实现对存储单元的访问，首先要选择存储芯片，即进行片选；然后再从选中的芯片中依地址码选择相应的存储单元，以进行数据的存取，这称为字选。片内的字选是由 CPU 的N条低位地址线完成的，地址线直接接到所有存储芯片的地址输入端（N 由片内存储容量 2^N 决定）。而存储芯片的片选信号则大多是通过高位地址译码后产生的。

片选信号的译码方法又可细分为线选法、全译码法和部分译码法。

① 线选法

线选法就是用除片内寻址外的高位地址线直接（或经反相器）分别接至各个存储芯片的片选端，当某地址线信息为“0”时，就选中与之对应的存储芯片。请注意，这些片选地址线每次寻址时只能有一位有效，不允许同时有多位有效，这样才能保证每次只选中一个芯片（或组）。

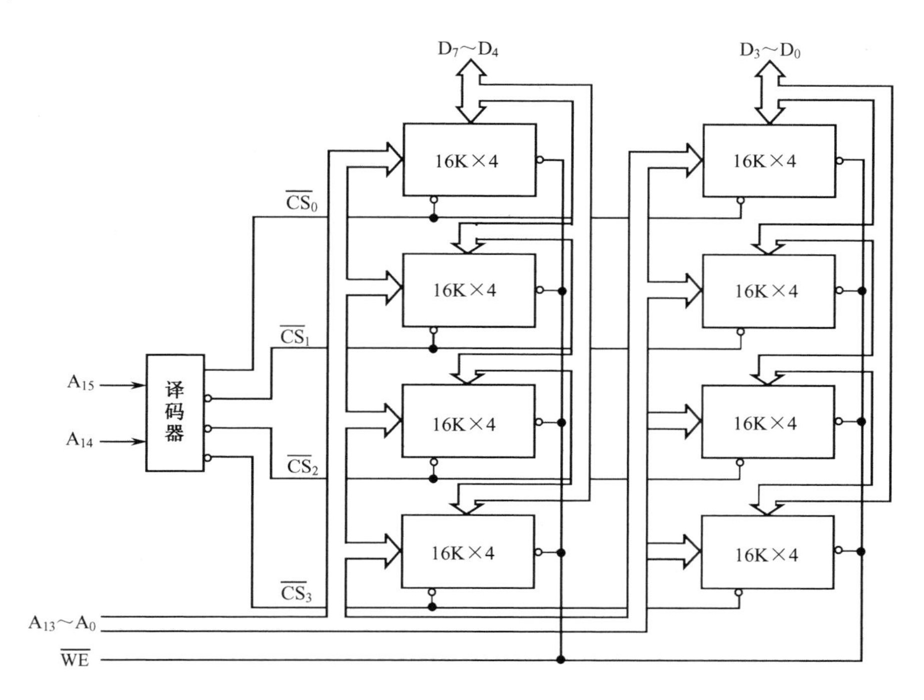

图 3-19　字和位同时扩展连接举例

线选法的优点是不需要地址译码器，线路简单，选择芯片无须外加逻辑电路，但仅适用于连接存储芯片较少的场合。同时，线选法不能充分利用系统的存储器空间，且把地址空间分成了相互隔离的区域，给编程带来了一定的困难。

② 全译码法

全译码法将除片内寻址外的全部高位地址线都作为地址译码器的输入，译码器的输出作为各芯片的片选信号，将它们分别接到存储芯片的片选端，以实现对存储芯片的选择。

全译码法的优点是每片（或组）芯片的地址范围是唯一确定的，而且是连续的，也便于扩展，不会产生地址重叠的存储区，但全译码法对译码电路的要求较高。

③ 部分译码

所谓部分译码即用除片内寻址外的高位地址的一部分来译码产生片选信号。例如，CPU 的地址线有 20 位 A_0～A_{19}，现用 4 片 2K×8 的存储芯片组成 8K×8 存储器，需要 4 个片选信号，因此只需要用两位地址线来译码产生；A_0～A_{10} 作为片内寻址，$A_{11}A_{12}$ 用做片选。

由于寻址 8K×8 存储器时未用到高位地址 A_{19}～A_{13}，所以只要 $A_{12}=A_{11}=0$，而无论 A_{19}～A_{13} 取何值，均选中第一片；只要 $A_{12}=0$，$A_{11}=1$，而无论 A_{19}～A_{13} 取何值，均选中第二片……也就是说，8K RAM 中的任一个存储单元，都对应有 $2^{(20-13)}=2^7$ 个地址，这种一个存储单元出现多个地址的现象称为地址重叠。

从地址分布来看，这 8KB 存储器实际上占用了 CPU 全部的空间（1MB）。每片 2K×8 的存储芯片有 1M/4=256K 的地址重叠区。

（5）主存储器和 CPU 的连接

① 主存和 CPU 之间的硬连接

主存与 CPU 的硬连接有 3 组连线：地址总线（AB）、数据总线（DB）和控制总线（CB）。如图 3-20 所示。此时，把主存看做一个黑盒子，存储器地址寄存器（MAR）和存储器数据寄存器（MDR）是主存和 CPU 之间的接口。MAR 可以接受来自程序计数器（PC）的指令地址或来自运算器的操作数地址，以确定要访问的单元。MDR 是向主存写入数据或从主存读出数据的缓冲部件。MAR 和 MDR 从功能上看属于主存，但在微型机中常放在 CPU 内。

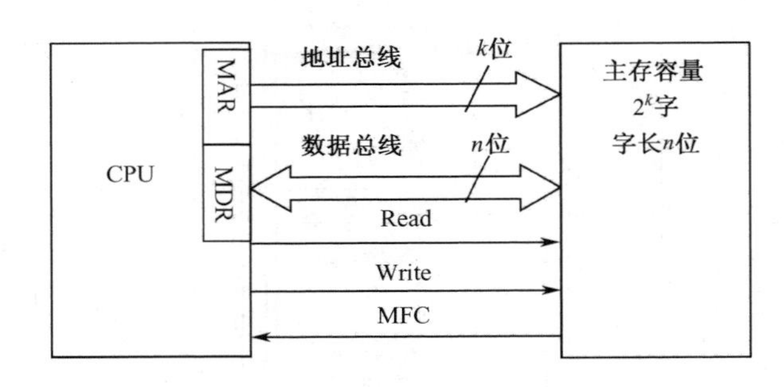

图 3-20　主存和 CPU 的硬连接

② CPU 对主存的基本操作

前面所说的 CPU 与主存的硬连接是两个部件之间联系的物理基础。而两个部件之间还有软连接，即 CPU 向主存发出的读或写命令，这才是两个部件之间有效工作的关键。

CPU 对主存进行读写操作时，首先 CPU 在地址总线上给出地址信号，然后发出相应的读或写命令，并在数据总线上交换信息。

读操作

读操作是指从 CPU 送来的地址所指定的存储单元中取出信息，再送给 CPU，其操作过程是：

地址→MAR→AB	CPU 将地址信号送至地址总线；
Read	CPU 发读命令；

Wait for MFC	等待存储器工作完成信号；
M（MAR）→DB→MDR	读出信息经数据总线送至 CPU。

写操作

写操作是指将要写入的信息存入 CPU 所指定的存储单元中，其操作过程是：

地址→MAR→AB	CPU 将地址信号送至地址总线；
数据→MDR→DB	CPU 将要写入的数据送至数据总线；
Write	CPU 发写命令；
Wait for MFC	等待存储器工作完成信号。

（6）提高主存读写速度的技术

如果主存总线的速度与 CPU 总线速度相等，那么主存的性能将是最优的，然而通常主存的速度落后于 CPU 的速度。主存的速度通常以纳秒（ns）表示，而 CPU 速度一般用兆赫兹（MHz）表示。近几年来主存技术一直在不断地发展，从最早使用的 DRAM 到后来的 FPM DRAM、EDO DRAM、SDRAM、DDR SDRAM 和 RDRAM，出现了各种主存控制与访问技术。它们的共同特点是使主存的读写速度有了很大的提高。

① FPM DRAM

传统的 DRAM 是通过分页技术进行访问的，在存取数据时，需要分别输入一个行地址和一个列地址，这会耗费时间。FPM DRAM 通过保持行地址不变而只改变列地址，可以对给定行的所有数据进行更快的访问。

FPM DRAM 还支持突发模式访问，所谓突发模式是指对一个给定的访问在建立行和列地址之后，可以访问后面 3 个连续的地址，而不需要额外的延迟和等待状态。一个突发访问通常限制为 4 次正常访问。

为了描述这个过程，经常以每次访问的周期数表示计时。一个标准 DRAM 的典型突发模式访问表示为 x-y-y-y，x 是第一次访问的时间（延迟加上周期数），y 表示后面每个连续访问所需的周期数。标准的 FPM DRAM 可获得 5-3-3-3 的突发模式周期。

FPM DRAM 内存条主要采用 72 线的 SIMM 封装，其存取速度一般在 60～100ns 左右。

② EDO DRAM

EDO DRAM 是在 FPM DRAM 基础上加以改进的存储器控制技术。传统的 DRAM 和 FPM DRAM 在存取每一数据时，输入行地址和列地址后必须等待电路稳定，然后才能有效地读写数据，而下一个地址必须等待这次读写周期完成才能输出。而 EDO 输出数据在整个 CAS 周期都是有效的（包括预充电时间在内），EDO 不必等待当前的读写周期完成即可启动下一个读写周期，即可以在输出一个数据的过程中准备下一个数据的输出。EDO DRAM 采用一种特殊的主存读出控制逻辑，在读写一个存储单元时，同时启动下一个（连续）存储单元的读写周期，从而节省了重选地址的时间，提高了读写速度。

EDO DRAM 可获得 5-2-2-2 的突发模式周期，若进行 4 个主存传输，共需要 11 个系统周期，而 FPM DRAM 的突发模式周期为 5-3-3-3，共需要 14 个周期。与 FPM DRAM 相比，EDO DRAM 的性能改善了 22%，而其制造成本与 FPM DRAM 相近。

FPM 和 EDO 两者的芯片制作技术其实是相同的，不同的是 EDO 所增加的机制必须在芯片组的支持下将发送的数据信号的处理时间缩短，以加快系统的整体执行效率。EDO DRAM 内存条主要采用 72 线的 SIMM 形式封装，也有少部分采用 168 线的 DIMM 封装，存取时间约为 50～70ns。

③ SDRAM

SDRAM 是一种与主存总线运行同步的 DRAM。SDRAM 在同步脉冲的控制下工作，取消了主存等待时间，减少了数据传送的延迟时间，因而加快了系统速度。SDRAM 仍然是一种 DRAM，起始延迟仍然不变，但总的周期时间比 FPM 或 EDO 快得多。SDRAM 突发模式可达到 5-1-1-1，即进行 4 个主存传输，仅需 8 个周期，比 EDO 快将近 20%。

SDRAM 的基本原理是将 CPU 和 RAM 通过一个相同的时钟锁在一起，使得 RAM 和 CPU 能够共享一个时钟周期，以相同的速度同步工作。

SDRAM 普遍采用 168 线的 DIMM 封装，速度通常以 MHz 来标定，目前 SDRAM 的工作频率已达 100MHz、133MHz，能与当前的 CPU 同步运行，可提高整机性能大约 5%～10%。

④ DDR SDRAM

DDR SDRAM 可以说是 SDRAM 的升级版本，它与 SDRAM 的主要区别是：DDR SDRAM 不仅能在时钟脉冲的上升沿读出数据而且还能在下降沿读出数据，不需要提高时钟频率就能加倍提高 SDRAM 的速度。

DDR 内存条的物理大小和标准的 DIMM 一样，区别仅在于内存条的线数。标准的 SDRAM 有 168 线（2 个小缺口），而 DDR SDRAM 有 184 线（多出的 16 个线占用了空间，故只有 1 个小缺口）。

⑤ Rambus DRAM

Rambus DRAM 是继 SDRAM 之后的新型高速动态随机存储器。

使用 FPM/EDO 或 SDRAM 的传统主存系统称为宽通道系统，它们的主存通道和处理器的数据总线一样宽。RDRAM 却是一种窄通道系统，它一次只传输 16 位数据（加上 2 个可选的校验位），但速度却快得多。目前，RDRAM 的容量一般为 64Mb/72Mb 或 128Mb/144Mb，组织结构为（4M 或 8M）×16 位、（4M 或 8M）×18 位（18 位的组织结构允许进行 ECC 检测）。

RDRAM 的时钟频率可达到 400MHz，由于采用双沿传输，使原有的 400MHz 变为 800MHz。Rambus 结构的带宽视 Rambus 通路的个数而定，若是单通路，800MHz 的 RDRAM 带宽为 800MHz×16 位÷8=1.6GB/s，若是两个通路，则可提升为 3.2GB/s，若是 4 个通路的话，将达到 6.4GB/s。而 PC—133 的带宽为 133MHz×64 位÷8=1.06GB/s，PC—266 则为 2.12GB/s。

提示

由于 RDRAM 采用全新的设计，需要用专用 RIMM 插槽与芯片组配合。RDRAM 总线是一条经过总线上所有设备（RDRAM 芯片）和模块的连接线路，每个模块在相对的两端有输入和输出引脚，时钟信号需依次流过每个 RIMM 槽，然后再通过每个 RIMM 槽返回。因此，任何不含 RDRAM 芯片的 RIMM 插槽必须填入一个连接模块（Rambus 终结器）以保证路径是完整的。

3.2.3　高速缓冲存储器（Cache）

主存速度的提高始终跟不上 CPU 的发展。为了解决主存与 CPU 速度的不匹配问题，在主存与 CPU 之间设置一级高速缓存，这样从 CPU 看来，速度接近 Cache 的速度，容量是主存的容量。

提示

早期的计算机只有主存和外存，没有 Cache。但由于 CPU 和主存的速度差距太大，才参照辅存原理在 CPU 和主存之间设置 Cache，现代计算机的 Cache 一般处于 CPU 内部。

1. 高速缓存的工作原理

（1）程序的局部性原理是设置 Cache 的依据

程序的局部性有两个方面的含义：时间局部性和空间局部性。时间局部性是指如果一个存储单元被访问，则可能该单元会很快被再次访问，这是因为程序存在着循环。空间局部性是指如果一个存储单元被访问，则该单元邻近的单元也可能很快被访问。这是因为程序中大部分指令是顺序存储、顺序执行的，数据一般也是以向量、数组、树、表等形式簇聚地存储在一起的。

高速缓冲技术就是利用程序的局部性原理，把程序中正在使用的部分存放在一个高速的容量较小的 Cache 中，使 CPU 的访存操作大多数针对 Cache 进行，从而使程序的执行速度大大提高。

（2）Cache 的基本结构

Cache 是一个高速小容量存储器，其速度数倍于主存。Cache 的内容是正在执行的程序段，或将要使用的相邻单元的指令或数据，是主存中程序的临时副本。

程序执行前 Cache 中是空的，当 CPU 访问主存时，从主存中取出的指令或数据在送入 CPU 的同时，还送入 Cache 中保存，以备下次再使用这个单元中的代码。以后 CPU 再访问有关的指令或数据已经放在 Cache 中了，就可直接从 Cache 中读出，而不必再去访问主存了，这种情况称为 Cache 命中。命中时读 Cache 中的代码比读主存快多了。从主存到 Cache 中数据的传送是以数据块为单位进行的。这样既提高了 Cache 的命中率，也提高了数据传输的效率。

CPU 访问主存首先要给出主存地址，我们把主存地址分为两个部分：一部分是数据块块内地址 b；另一部分是主存内数据块块号 m，显然每个数据块有 2^b 个单元，整个主存有 2^m 个数据块，主存地址共有 $m+b=n$ 位。

Cache 也按 2^b 个单元分成一块，与主存块的大小相同，因为每次访存交换数据是按数据块为单位进行的。Cache 内数据块的块号地址为 c 位，Cache 内共有 2^c 个数据块。把主存中的一块数据调入 Cache 中，必须对这一块数据加上标志，说明这个数据块是主存中的第几块。当 CPU 访存时给出主存地址，计算机按照数据块号先去查 Cache，查看包括这个地址单元的数据块是否已调入 Cache。如果该数据块已经调入 Cache，就从 Cache 中读出这个数据块中有关单元内容送给 CPU，完成了访存任务。如果没有找到这个数据块，则说明该单元还在主存中，就按照主存地址访问主存，取出该单元的内容送给 CPU，并且也将该单元所在的数据块内容写入 Cache。

查看某单元是否已调入 Cache，是在 Cache 存储器中的地址映像机构中进行的，它是根据已知的标志去访问 Cache 数据块有关单元的。

2. 地址映像方式

主存一个地址单元中的数据调入 Cache 中，放在 Cache 什么位置？主存往 Cache 传送数据是以数据块为单位进行的，在数据块安排上有什么规定？这些问题属于有关地址映像问题。

设主存地址有 n 位，主存容量有 2^n 个单元。

Cache 地址有 p 位，Cache 容量有 2^p 个单元。

主存与 Cache 传送数据时以块为单位，设块内地址为 b 位，则 1 块数据包括 2^b 个存储单元。显然主存地址中有（$n-b$）位作为数据块的编号，令 $n-b=m$，则主存共有 2^m 个数据块。Cache 地址码中有（$p-b$）位作为数据块的编号，令 $p-b=c$，则 Cache 共有 2^c 个数据块。

根据主存数据块在 Cache 中存放方法，可分为直接映像 Cache，全相联映像 Cache 及组相联映像 Cache。

（1）直接映像 Cache 方式

因为 Cache 中共有 2^c 个数据块，其编号分别是字块 0，字块 1，字块 2，……，字块 2^c-1。我们按照 Cache 的容量将主存划分成若干组，每组也有 2^c 个数据块。主存第一组内各数据块的编号依次是：字块 0，字块 1，字块 2，……，字块 2^c-1。主存第二组内各数据块的编号依次是：字块 2^c+0，字块 2^c+1，字块 2^c+2，……，字块 $2^{c+1}-1$。依此类推。

直接映像方式规定：主存各组第 0 个数据块调入 Cache 时只能放在 Cache 的字块 0 中，各组第 1 个数据块调入 Cache 中，只能放在 Cache 的字块 1 中，依次类推。如图 3-21 所示。

为了区分放在 Cache 中的数据块是主存中哪一组的，在 Cache 字块中必须记录主存分组编号，称为主存字块标志，实际上是主存地址的高位地址，即主存地址去掉低 c 位 Cache 字块编号地址及低 b 位块内地址。

主存字块标志为 $n-b-c=m-c$，若令 $t=m-c$，则字块标志就是主存地址的高 t 位。

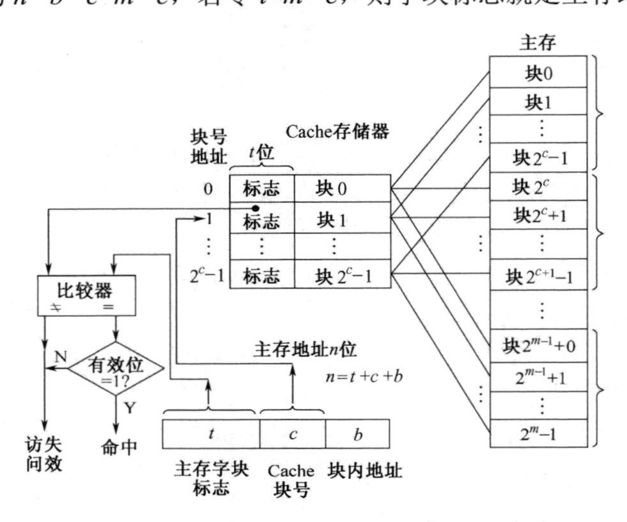

图 3-21　直接映像方式

Cache 存储器包括三部分内容：

① 主存字块标志（主存地址的高 t 位）表明主存中有可能占据同一 Cache 字块的 2^t 字

块中哪一字块已经进入 Cache 存储器。

② Cache 装入有效位 1 位。

③ 块内各单元内容。

如果给定主存地址（n 位），首先根据地址中 c 位表示的 Cache 块号，查 Cache 中对应块主存字块标志，看与主存高 t 位地址是否相同，如果相同，再看 Cache 中装入有效位是否为 1，如果是“1”表示该块内容有效，称为命中。再按块内地址读出 Cache 中的对应单元送给 CPU，完成访存任务。

如果主存高位地址与 Cache 中对应字块的标志位不同。表示所要访问字块未读入 Cache，或者与标志位虽然相等，但装入位等于 0，表示要访问的单元未装入 Cache。两种情况都称访问失效。需要访问主存，取数送给 CPU。同时把该块数据送入 Cache 对应块中，并把主存高位地址置入字块标志，把装入位置 1。

直接映像 Cache 组织的优点是实现起来最简单，只需利用主存地址中 Cache 字块编号字段 c，查看其字块标志与主存高 t 位地址是否相同，即可判断该数据块是否取入 Cache 中。如果符合，可根据主存地址低 b 位访问 Cache。取出所要的数据，送往 CPU。直接映像方式的缺点是不灵活。与主存地址字段 c 相同的字块共有 2^t 个。它们调入 Cache 时只能放在 Cache 中唯一的一个字块中，即使其他 Cache 字块空着也不能使用，Cache 存储空间利用不充分。

（2）全相联映像 Cache 方式

这是一种最灵活的映像方案。它允许主存中任何字块存放到 Cache 空间中任何字块位置上，但是实现起来却很困难。标志位长度增加为 $t+c=m$ 位，在查找时需要把 Cache 中全部字块搜索一遍，才能最后判断出包含指定主存单元的字块是否已在 Cache 中。全相联 Cache 组织中主存字块与 Cache 字块对应关系如图 3-22 所示。

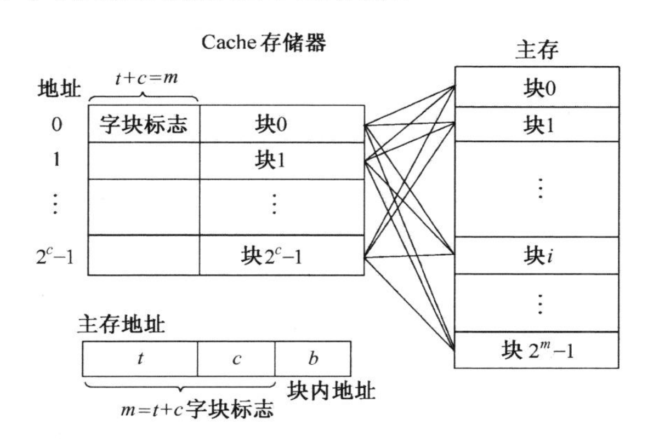

图 3-22　全相联映像方式

显然，按照主存高位地址（$t+c$ 位）来查找 Cache 单元内容与之相同的存储单元，是属于按内容寻址的存储器，称为联想存储器。访存时需把联想存储器的每个单元的内容读出来与设定的内容比较。找到内容与之符合的那些存储单元是很复杂的，最主要的困难是要求速度快，因此实现时不使用按地址访问存储器的那套办法。

（3）组相联映像 Cache 存储组织

这是一种直接映像与全相联映像方式的折中方案。其设计思想是把 Cache 分成若干组，每组分成若干数据块，每个数据块包括若干个字单元。主存与 Cache 交换时，还是以数据块为单位，但每个数据块必须有标志，说明它属于主存高位地址指明的数据块中的哪一个数据块。主存空间也分为若干组，每组若干块，每块若干单元。

设主存地址为 n 位，其中分为：Cache 内小组地址（组号）e 位，组内数据块地址 r 位，及块内地址 b 位，主存高位地址作为 Cache 分组编号。

主存地址为：

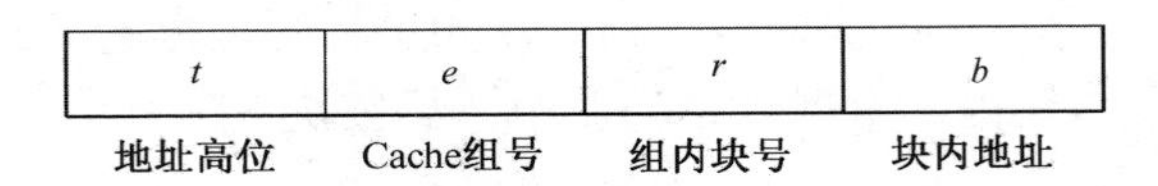

地址映像时，规定主存分组和 Cache 分组组间采用直接映像，而组内字块间采用全相联映像。也就是说，主存内某一组的数据，只能放在 Cache 对应组的位置上，而不能随便放；但同一组内各数据块之间可任意存放，这样可以增加数据块存放的自由度。但是每一个数据块必须有字块标志，指出该数据块是主存高位地址指出的哪一组的哪一个数据块。因此 Cache 内主存字块标志应包括（$t+r$）位。

主存访问 Cache 时，先按照地址字段中 e 位查找 Cache 组号，再将该组内 2^r 个数据块的标志与主存高位地址（$t+r$ 位）逐一进行比较，当某一数据块标志符合时，且装入位为 1，表示命中。按主存地址低 b 位块内地址访问 Cache 存储单元，取出数据送到 CPU 即可。

组相联映像的性能和复杂性介于直接映像与全相联映像之间。当 $r=0$，它就成为直接映像方式，表示组内不再分成数据块，组号即数据块号。当 $e=0$，表示 Cache 内不再分组，它就成为全相联映像方式。

Cache 的命中率除了与地址映像方式有关外，还与 Cache 容量大小有关。

3．替换算法

在采用全相联映像和组相联映像方式从主存向 Cache 传送一个新块，而 Cache 中的空间已被占满时，就需要把原来存储的某一块替换掉。常用的替换算法有如下两种。

（1）先进先出（FIFO）算法

按调入 Cache 的先后决定淘汰的顺序，即在需要更新时，将最先进入 Cache 的块作为被替换的块。这种方法要求为每个块做一记录，记下它们进入 Cache 的先后次序。这种方法容易实现，而且系统开销小。其缺点是可能会把一些需要经常使用的程序块（如循环程序）也作为最早进入 Cache 的块替换掉。

（2）近期最少使用（LRU）算法

LRU 算法是把 CPU 近期最少使用的块作为被替换的块。这种替换方法需要随时记录 Cache 中各块的使用情况，以便确定哪个块是近期最少使用的块。LRU 算法相对合理，但实现起来比较复杂，系统开销较大。通常需要对每个块设置一个称为“年龄计数器”的硬件或软件计数器，用以记录其被使用的情况。

4．更新策略

当 CPU 的运算结果要写回主存时，而且 Cache 又命中时，写入 Cache 中的数据如果不写入主存，会造成主存与 Cache 中的数据不一致；如果要写回主存，则使写操作的速度不能提高。处理这种情况的更新策略有两种方案：

（1）写直达法（write through），又称全写法，将写入 Cache 中的数据，也写入主存。这时写操作的时间就是访问主存的时间，但数据块替换时，不需要再调入主存。

（2）写回法（write back），写 Cache 时，不写回主存。当 Cache 中的字块被替换时，才将改写过的数据块一起写回主存。这种方法造成 Cache 中的数据与主存的不一致，为了识别这种情况，在 Cache 存储单元增加一位特征位，称为改写位，如果改写位为 1，表示这块数据被改写过，在替换这块数据时，需将该数据块写回主存。

如果写操作较少，写直达法可保持 Cache 与主存内容一致，且替换时又不用写回主存，这种更新策略容易实现。据统计，在访存操作中有 5%～34%的操作是写操作，写操作的平均概率是 16%左右，因此写直达法有一定实用性。

为了提高 Cache 的操作速度，所有 Cache 的控制算法都是使用硬件实现的。

3.2.4　虚拟存储器

虚拟存储器由主存储器和联机工作的辅助存储器（通常为磁盘存储器）共同组成，这两个存储器在硬件和系统软件的共同管理下工作，对于应用程序员，可以把它们看做是一个单一的存储器。

1．虚拟存储器的基本概念

虚拟存储器将主存或辅存的地址空间统一编址，形成一个庞大的存储空间。在这个大空间里，用户可以自由编程，完全不必考虑程序在主存中是否装得下以及这些程序将来在主存中的实际存放位置。

用户编程的地址称为虚地址或逻辑地址，实际的主存单元地址称为实地址或物理地址。显然，虚地址要比实地址大得多。

在实际的物理存储层次上，所编程序和数据在操作系统的管理下，先送入磁盘，然后操作系统将当前运行所需要的部分调入主存，供 CPU 使用，其余暂不运行部分留在磁盘中。

程序运行时，CPU 以虚地址来访问主存，由辅助硬件找出虚地址和实地址之间的对应关系，并判断这个虚地址指示的存储单元内容是否已装入主存。如果已在主存中，则通过地址变换，CPU 可直接访问主存的实际单元；如果不在主存中，则把包含这个字的一页或一个程序段调入主存后再由 CPU 访问。如果主存已满，则由替换算法从主存中将暂不运行的一块调回辅存，再从辅存调入新的一块到主存。

虚拟存储器与 Cache 存储器的管理方法有很多类似之处，由于历史的原因，它们使用不同的术语。虚拟存储器中，在主存与外存之间传送的数据单位称“页”或“段”，而 Cache 中叫数据块。

虚拟存储器与 Cache 主要区别是。

（1）地址映像：虚存是由软件实现的，而 Cache 是由硬件实现的，Cache 更强调速度。

（2）替换策略：虚存是由虚拟操作系统用软件实现的，可以用较好的算法，较长的时间；Cache 的替换算法是由硬件来实现的。

（3）虚存地址映像使用全相联方式，用软件实现，可以提高命中率及主存的利用率。

（4）更新策略：虚存使用写回法，等到该页要替换时，才一起写回外存。

（5）Cache 对程序员是全透明的，用户感觉不到 Cache 的存在。虚存中的页面对系统程序员是不透明的，段对用户可透明，也可不透明。

（6）虚存容量受计算机地址空间的限制，由地址码位数来决定。Cache 的容量，主存的容量都小于处理机的地址空间，不受此限制。

2．页式虚拟存储器

以页为基本单位的虚拟存储器叫页式虚拟存储器。它把主存空间和虚存空间都划分成若干个大小相等的页。主存即实存的页称为实页，虚存的页称为虚页。

程序虚地址分为两个字段：虚页号和页内地址。虚地址到实地址之间的变换是由页表来实现的。如图 3-23 所示。页表是一张存放在主存中的虚页号和实页号的对照表，记录着程序的虚页调入主存时被安排在主存中的位置。若计算机采用多道程序工作方式，则可为每个用户作业建立一个页表，硬件中设置一个页表基址寄存器，存放当前所运行程序的页表的起始地址。

页表中的每一行记录了与某个虚页对应的若干信息，包括虚页号、装入位和实页号等。页表基址寄存器和虚页号拼接成页表索引地址。根据这个索引地址可读到一个页表信息字，然后检测页表信息字中装入位的状态。若装入位为“1”，表示该页面已在主存中，将对应的实页号与虚地址中的页内地址相拼接就得到了完整的实地址；若装入位为“0”，表示该页面不在主存中，就要启动 I/O 系统，把该页从辅存中调入主存后再供 CPU 使用。

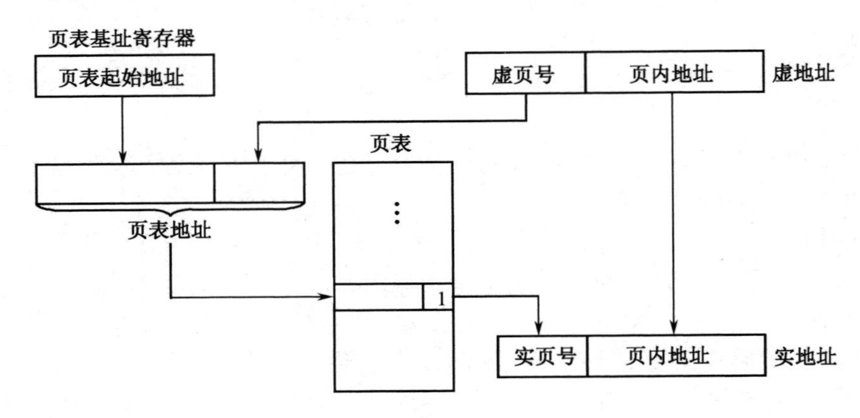

图 3-23 页式虚存的虚－实地址的变换

页式虚拟存储器的每页长度是固定的，页表的建立很方便，新页的调入也容易实现。但是由于程序不可能正好是页面的整倍数，最后一页的零头将无法利用而造成浪费。同时，页不是逻辑上独立的实体，使程序的处理、保护和共享都比较麻烦。

3．段式虚拟存储器

段式虚拟存储器中的段是按照程序的逻辑结构划分的，各个段的长度因程序而异。为了把程序虚地址变换成主存实地址，需要一个段表。如图 3-24 所示。段表中每一行记录了某个段对应的若干信息，包括段号、装入位、段起点和段长等。由于段的大小可变，所以在段表中要给出各段的起始地址与段的长度。段表实际上是程序的逻辑结构段与其在主存中所存放的位置之间的关系对照表。

由于段的分界与程序的自然分界相对应，所以具有逻辑独立性，易于程序的编译、管理、修改和保护，也便于多道程序共享。但是，因为段的长度参差不齐，起点和终点不定，给主存空间分配带来了麻烦；容易在段间留下不能利用的零头，造成浪费。

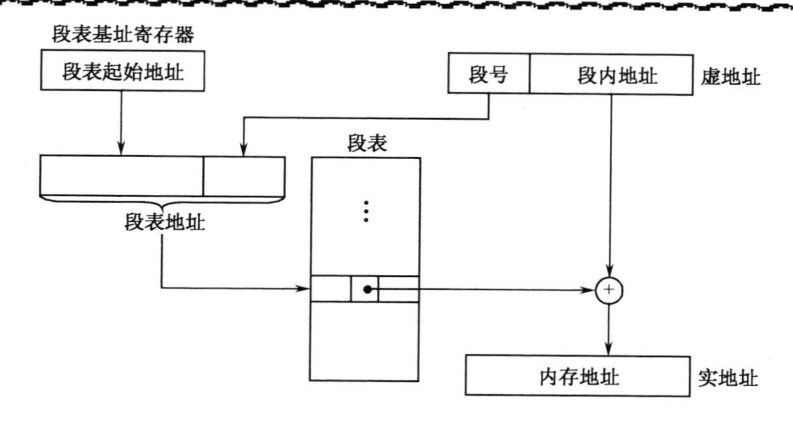

图 3-24　段式虚存的虚一实地址的变换

4. 段页式虚拟存储器

在段式、页式存储器的基础上，还有一种段页式虚拟存储器。它将程序按其逻辑结构分段，每段再划分为若干大小相等的页；主存空间也划分为若干同样大小的页。虚存和实存之间以页为基本传送单位，每个程序对应一个段表，每段对应一个页表。CPU 访问时，虚地址包含段号、段内页号、页内地址 3 部分。首先将段表起始地址与段号合成，得到段表地址；然后从段表中取出该段的页表起始地址，与段内页号合成，得到页表地址；最后从页表中取出实页号，与页内地址拼接形成主存实地址。段页式存储器综合了前两种结构的优点，但要经过两级查表才能完成地址转换，费时要多些。

段页式虚拟存储器将存储空间按逻辑模块分成段，每段又分成若干个页，访存通过一个段表和若干个页表进行。段的长度必须是页长的整数倍，段的起点必须是某一页的起点。

3.2.5　磁盘阵列

计算机技术的发展，已使得 CPU 的速度进入 GHz 时代。而计算机的内存也由 66MHz 发展到 100MHz、133MHz 甚至更高。显卡的速度也日新月异。计算机制造商们全面打起了提速战。作为计算机最重要的外部存储设备，硬盘当然也不甘落后，相继推出了 ATA66、ATA100 以及 SATA 和 SCSI 硬盘。即便如此，硬盘存储仍然摆脱不了系统性能瓶颈的角色；不仅如此，硬盘存储在数据安全上也是问题多多。现在人们的工作已无法离开计算机，这一方面使得人们的工作效率大大提高，但潜在的危险也是很明显的：一旦硬盘的数据损坏，人们长时间的工作就可能毁于一旦。那么，有没有基于现在的硬盘提升存储性能和数据安全的技术呢？有，它就是磁盘阵列（RAID）技术。

1. RAID 概念

RAID 是英文 Redundant Array of Independent Disks 的缩写，翻译成中文即为独立磁盘冗余阵列，或简称磁盘阵列。简单的说，RAID 是一种把多块独立的硬盘（物理硬盘）按不同方式组合起来形成一个硬盘组（逻辑硬盘），从而提供比单个硬盘更高的存储性能和提供数据冗余的技术。组成磁盘阵列的不同方式称为 RAID 级别（RAID Levels）。

数据冗余的功能是在用户数据一旦发生损坏后，利用冗余信息使损坏数据得以恢复，从而保障用户数据的安全性。

在用户看起来，组成的磁盘组就像是一个硬盘，用户可以对它进行分区，格式化等。总之，对磁盘阵列的操作与对单个硬盘的操作一模一样。不同的是，磁盘阵列的存储性能要比单个硬盘高很多，而且可以提供数据冗余。

2. RAID 级别

RAID 技术经过不断的发展，现在已拥有了从 RAID0 到 RAID6 七种基本的 RAID 级别。另外，还有一些基本 RAID 级别的组合形式，如 RAID10（RAID0 与 RAID1 的组合），RAID50（RAID0 与 RAID5 的组合）等。

不同 RAID 级别代表着不同的存储性能、数据安全性和存储成本。下面就针对一些最为常用的 RAID 级别做简单介绍。

（1）RAID0——无冗余无校验的磁盘阵列

RAID0 代表了所有 RAID 级别中最高的存储性能。RAID0 提高存储性能的原理是把连续的数据分散到多个磁盘上存取，这样，系统有数据请求就可以被多个磁盘并行的执行，每个磁盘执行属于它自己的那部分数据请求。这种数据上的并行操作可以充分利用总线的带宽，显著提高磁盘整体存取性能。

如图 3-25 所示：系统向三个磁盘组成的逻辑硬盘（RAID0 磁盘组）发出的 I/O 数据请求被转化为三项操作，其中的每一项操作都对应于一块物理硬盘。我们从图中可以清楚地看到通过建立 RAID0，原先顺序的数据请求被分散到所有的三块硬盘中同时执行。从理论上讲，三块硬盘的并行操作使同一时间内磁盘读写速度提升了 3 倍。但由于总线带宽等多种因素的影响，实际的提升速率肯定会低于理论值，但是，大量数据并行传输与串行传输比较，提速效果显著显然毋庸置疑。

RAID0 的缺点是不提供数据冗余，因此一旦用户数据损坏，损坏的数据将无法得到恢复。RAID0 具有的特点，使其特别适用于对性能要求较高，而对数据安全不太在乎的领域，如图形工作站等。对于个人用户，RAID0 也是提高硬盘存储性能的绝佳选择。

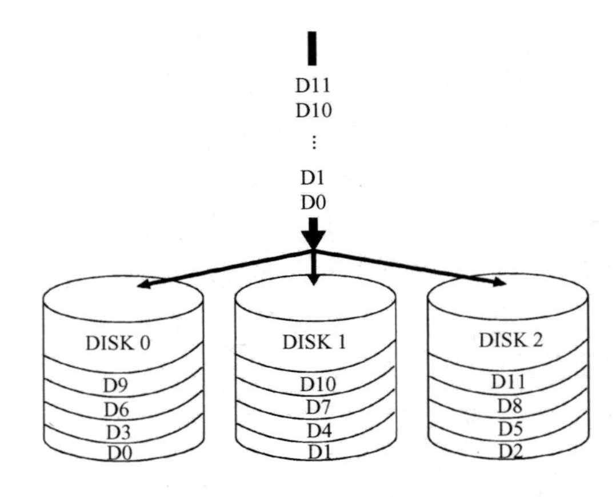

图 3-25　RAID0—无冗余无校验的磁盘阵列

（2）RAID1——镜像磁盘阵列

RAID1 又称为 Mirror 或 Mirroring，它的特点是最大限度地保证用户数据的可用性和可修复性。RAID1 的操作方式是把用户写入硬盘的数据百分之百地自动复制到另外一个硬盘上。如图 3-26 所示。

当读取数据时，系统先从 RAID0 的源盘读取数据，如果读取数据成功，则系统不去管备份盘上的数据；如果读取源盘数据失败，则系统自动转而读取备份盘上的数据，不会造成用户工作任务的中断。当然，我们应当及时地更换损坏的硬盘并利用备份数据重新建立 Mirror，避免备份盘在发生损坏时，造成不可挽回的数据损失。

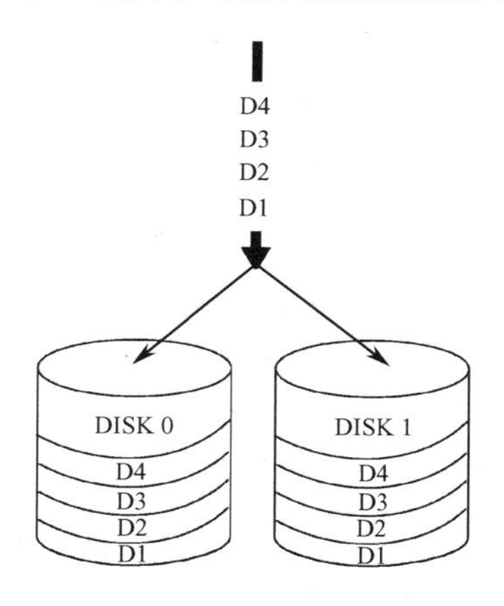

图 3-26　RAID1—镜像磁盘阵列

由于对存储的数据进行百分之百的备份，在所有 RAID 级别中，RAID1 提供最高的数据安全保障。同样，由于数据百分之百的备份，备份数据占了总存储空间的一半，因而，Mirror 的磁盘空间利用率低，存储成本高。

Mirror 虽不能提高存储性能，但由于其具有的高数据安全性，使其尤其适用于存放重要数据，如服务器和数据库存储等。

（3）RAID0+1

正如其名字一样 RAID0+1 是 RAID0 和 RAID1 的组合形式，也称为 RAID10。以四个磁盘组成的 RAID0+1 为例，其数据存储方式如图 3-27 所示。

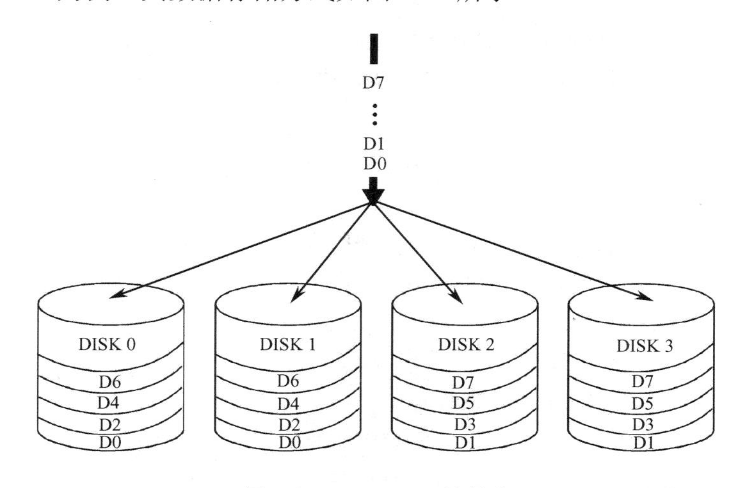

图 3-27　RAID0+1 的组合

RAID0+1 是存储性能和数据安全兼顾的方案。它在提供与 RAID1 一样的数据安全保障的同时，也提供了与 RAID0 近似的存储性能。

由于 RAID0+1 也通过数据百分之百的备份提供数据安全保障，因此 RAID0+1 的磁盘空间利用率与RAID1相同，存储成本高。

RAID0+1 的特点使其特别适用于既有大量数据需要存取，同时又对数据安全性要求严格的领域，如银行、金融、商业超市、仓储库房、各种档案管理等。

（4）RAID2——纠错海明码磁盘阵列

电脑在写入数据时在一个磁盘上保存数据的各个位，同时把一个数据不同的位运算得到的海明校验码保存在另一组磁盘上，由于海明码可以在数据发生错误的情况下将错误校正，以保证输出的正确。但海明码使用数据冗余技术，使得输出数据的速率取决于驱动器组中速度最慢的磁盘。RAID2 控制器的设计简单。

（5）RAID3——位交叉奇偶校验的磁盘阵列

RAID3 使用一个专门的磁盘存放所有的校验数据，而在剩余的磁盘中创建带区集分散数据的读写操作。当从一个完好的 RAID3 系统中读取数据时，只需要在数据存储盘中找到相应的数据块进行读取操作即可。但当向 RAID3 写入数据时，必须计算与该数据块同处在一个带区的所有数据块的校验值，并将新值重新写入到校验块中，这样无形中增加了系统开销。当一块磁盘失效时，该磁盘上的所有数据块必须使用校验信息重新建立，如果所要读取的数据块正好位于已经损坏的磁盘，则必须同时读取同一带区中的所有其他数据块，并根据校验值重建丢失的数据，这使系统速度减慢。当更换了损坏的磁盘后，系统必须一个数据块一个数据块的重建坏盘中的数据，整个系统的性能会受到严重的影响。RAID3 最大不足是校验盘很容易成为整个系统的瓶颈，对于经常大量写入操作的应用会导致整个 RAID 系统性能的下降。RAID3 适合用于数据库和 Web 服务器等。

（6）RAID4——块交叉奇偶校验的磁盘阵列

RAID4 即带奇偶校验码的独立磁盘结构，RAID4 和 RAID3 很像，它对数据的访问是按数据块进行的，也就是按磁盘进行的，每次是一个盘，RAID4 的特点和 RAID3 也很像，不过在失败恢复时，它的难度要比 RAID3 大多了，控制器的设计难度也要大许多，而且访问数据的效率不怎么高。

（7）RAID5——无独立校验盘的奇偶校验磁盘阵列

RAID5 把校验块分散到所有的数据盘中。RAID5 使用了一种特殊的算法，可以计算出任何一个带区校验块的存放位置。这样就可以确保任何对校验块进行的读写操作都会在所有的 RAID 磁盘中进行均衡，从而消除了产生瓶颈的可能。RAID5 的读出效率很高，写入效率一般，块式的集体访问效率不错。RAID5 提高了系统可靠性，但对数据传输的并行性解决不好，而且控制器的设计也相当困难。

（8）RAID6——带多个奇偶校验值的磁盘阵列

RAID6 即带有两种分布存储的奇偶校验码的独立磁盘结构，它是对 RAID5 的扩展，主要用于要求数据绝对不能出错的场合。使用了两种奇偶校验值，所以需要 N+2 个磁盘。同时对控制器的设计变得十分复杂，写入速度也不好，用于计算奇偶校验值和验证数据正确性所花费的时间比较多，造成了不必需的负载，这种结构很少采用。

3.3　总线系统

在前面章节中，介绍了计算机的各大基本部件，那它们又是怎么连接起来构成计算机的硬件系统的呢？通过总线，按照某种结构方式连接起来的。本节主要介绍总线的一些基本概念，以及一些常见的总线结构类型。

总线是一组能为多个部件服务的公共信息传送线路，地址、数据以及控制信息都是通过它在计算机的各部件之间传送的。因此，总线是构成计算机系统的骨架，它不但影响系统的结构与连接方式，而且影响系统的性能。总线具有分时和共享的特点。所谓共享是指它能为多个部件提供服务，多个部件都通过它传送信息。所谓分时是指在某一时刻只允许一个部件向总线发送信息。总线不仅是指一组传输线，还包括相应的总线接口和总线控制器。

3.3.1　计算机系统互连结构

在现代计算机系统中，各大部件均以系统总线为基础进行互连，总线互连结构方式主要有单总线结构、双总线结构和三总线结构。在计算机系统中采用哪种总线结构，往往对计算机系统的性能有很大的影响。

1．总线结构与连接方式

（1）单总线结构

使用一条单一的系统总线来连接 CPU、主存和 I/O 设备，叫做单总线结构。如图 3-28 所示。

此种结构要求连接到总线上的逻辑部件必须高速运行，以便在某些设备需要使用总线时能迅速获得总线控制权；而当不再使用总线时，能迅速放弃总线控制权。

- 取指令：当 CPU 取一条指令时，首先把程序计数器 PC 中的地址同控制信息一起送至总线上。在“取指令”情况下的地址是主存地址，此时该地址所指定的主存单元的内容一定是一条指令，而且将被传送给 CPU。
- 传送数据：取出指令之后，CPU 将检查操作码。操作码规定了对数据要执行什么操作，以及数据是流进 CPU 还是流出 CPU。
- I/O 操作：如果该指令地址字段对应的是外围设备地址，则外围设备译码器予以响应，从而在 CPU 和与该地址相对应的外围设备之间进行数据传送，而数据传送的方向由指令操作码决定。
- DMA 操作：某些外围设备也可以指定地址。如果一个由外围设备指定的地址对应于一个主存单元，则主存予以响应，于是在主存和外设间将进行直接存储器传送（DMA）。
- 单总线结构容易扩展成多 CPU 系统：这只要在系统总线上挂接多个 CPU 即可。

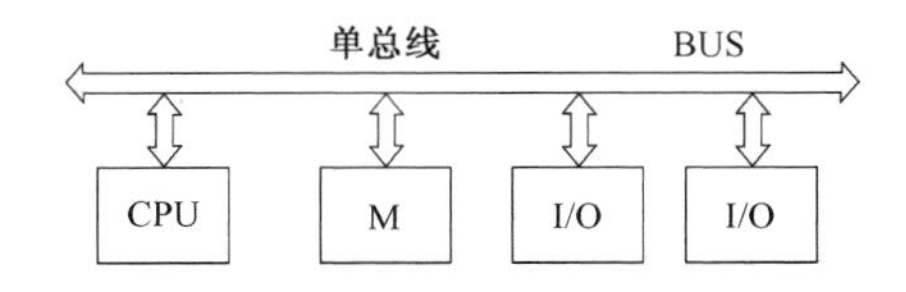

图 3-28　单总线结构计算机

（2）双总线结构

这种结构保持了单总线系统简单、易于扩充的优点，但又在 CPU 和主存之间专门设置了一组高速的存储总线，使 CPU 可通过专用总线与存储器交换信息，减轻了系统总线的负担，同时主存仍可通过系统总线与外设之间实现 DMA 操作，而不必经过 CPU。当然这种双总线系统以增加硬件为代价。如图 3-29 所示。

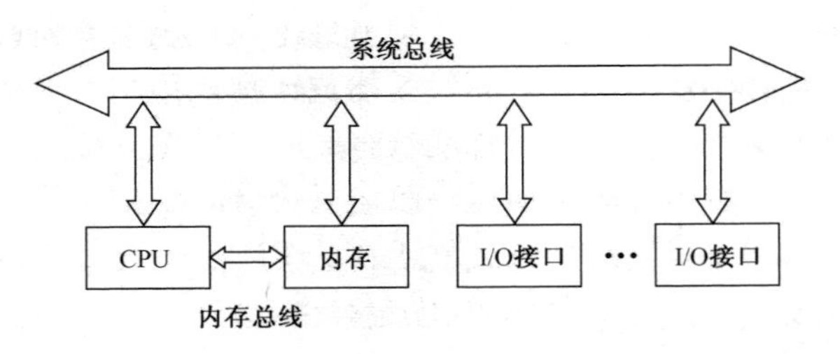

图 3-29 双总线结构计算机

（3）三总线结构

它是在双总线系统的基础上增加 I/O 总线形成的。如图 3-30 所示。

在 DMA 方式中，外设与存储器间直接交换数据而不经过 CPU，从而减轻了 CPU 对数据输入输出的控制，而“通道”方式进一步提高了 CPU 的效率。通道实际上是一台具有特殊功能的处理器，又称为 IOP（I/O 处理器），它分担了一部分 CPU 的功能，以实现对外设的统一管理及外设与主存之间的数据传送。显然，由于增加了 IOP，使整个系统的效率大大提高。然而这是以增加更多的硬件为代价换来的。

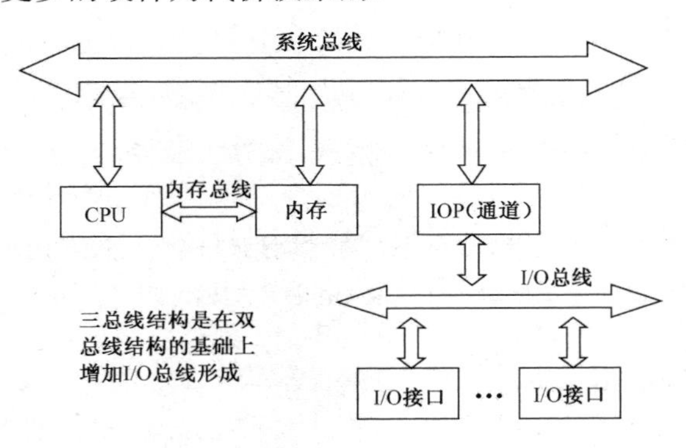

图 3-30 三总线结构计算机

2. 总线结构对计算机系统性能的影响

（1）最大存储容量

总线结构对计算机的最大存储容量产生影响。例如，在单总线系统中，由于对主存和外设进行存取的差别在于出现在总线上的地址不同，或者说对主存和外设的访问使用同一组总线，必须为外设保留某些地址，所以最大主存容量要小于由计算机字长所决定的可能的地址总数。

在双总线系统或三总线系统中，对主存和外设进行存取的判断是利用各自的指令操作码。由于主存地址和外设地址出现于不同的总线上，所以存储容量不会受到外围设备多少的影响。

（2）指令系统

在双总线或三总线系统中，CPU 对存储总线和系统总线必须有不同的指令系统。或者说采用的是独立编址的 I/O，需要专门的输入输出类指令。

在单总线系统中，由于采用的是统一编址 I/O 的形式，访问主存和 I/O 可使用相同的操作码，使用相同的指令，但它们使用不同的地址。

（3）吞吐量

计算机系统的吞吐量是指流入、处理和流出系统的信息的速率。

它取决于信息能够多快地输入内存，CPU 能够多快地取指令，数据能够多快地从内存取出或存入，以及所得结果能够多快地从内存送给一台外围设备。这些都关系到主存，因此，系统的吞吐量主要取决于主存的存取周期。

3.3.2　总线系统的组成与功能

1. 总线上信息的传送方式

信息在计算机中是以二进制编码形式表示的，二进制编码有“1”和“0”两种状态；常用电位的高、低或脉冲的有、无来表示这两种状态。信息的传输有串行传送、并行传送和分时传送这三种方式。外设间信息的传输可以是三种方式之一，但系统总线上传送的信息必须采用并行传送方式。

（1）串行传送

串行传送只需要一根传输线，且采用脉冲传送方式：按顺序来传送表示一个数码的所有二进制位的脉冲信号，每次一位，通常第一个脉冲信号表示最低有效位，最后一个表示最高有效位，位时间由同步脉冲来体现，如图 3-31 所示。串行传送的信息为了能被主机接收、处理和交换，需在主机与外设之间设置收发器。收发器要有两方面的功能：作为传送器，有拆卸功能，即并—串转换；作为接收器，有装配功能，即串—并转换。

串行传送的主要优点是只需要一条传输线，这一点对长距离传输显得特别重要，不管传送的数据量有多少，只需要一条传输线，成本比较低廉。

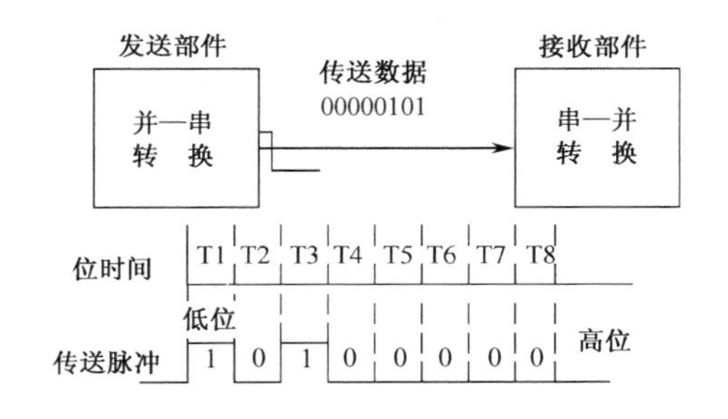

图 3-31　串行传送示意图

（2）并行传送

并行传送需要多根数据线，每一个数据位用一根传输线传送，且采用电位传送方式。通常将数据总线上可同时传送的二进制位数称为数据通路宽度。并行传送主要优点为速度快，适合近距离的传输。系统总线一般采用并行传送方式，如图 3-32 所示，其数据宽度多与 CPU 一致，为 8 的整数倍。

（3）复合传送

复合传送又称为总线复用的传送方式，它使不同的信号在同一条信号线上传送，总线设计的目的是用较少的线数实现较高的传送速率。通常采用的方法是信号分时的方法，即不同的信号在不同的时间段中轮流地向总线的同一条（组）信号线上发出。它与并、串传送方式的区别在于分时地传送同一数据源的不同信息。

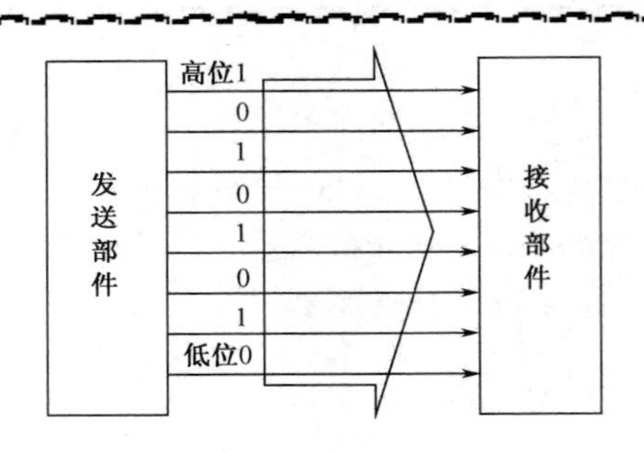

图 3-32 并行传送示意图

2. 总线操作时序

主机与外设通过总线进行信息交换时，必然存在着时间上的配合和动作的协调问题，否则系统的工作将会出现混乱。总线操作时序就是讨论总线上的发送和接收方的动作协调问题。总线操作时序方式主要有同步传送方式、准同步传送方式以及异步传送方式。

（1）同步传送方式

所谓同步传送方式是指发送、接收双方按同一步调协调相互之间的时间关系，即双方遵循统一的时钟，采用同步方式的总线称为“同步总线”。同步传送方式中发送双方遵照统一时钟运作，时序规整，控制简单，但同步方式的传输效率比较低，且传送过程中若发生错误，不能及时发现，使得传送可靠性比较差。

（2）准同步传送方式

采用准同步传送方式的控制总线中除了时钟信号线 Clock 外还应当有一条准备好信号线 Ready，从设备根据自己工作完成与否来决定 Ready 信号的高低。当从设备收到主控方的地址信息和操作命令后，若数据尚未做好准备，应使 Ready 信号为低，待准备好后再使 Ready 为高。在准同步传送方式中，传输速率低的问题得到了一定程度的改善。但传送的可靠性并未得到根本改善，与同步传送方式一样仍比较差。

（3）异步传送方式

异步传送方式是指发送和接收双方完全根据自身的工作速度和距离的远近来确定总线传送的步调。异步传送方式的优点是效率高、可靠性高。其所付出的代价是控制复杂，需要有两条应答信号线以及相应的控制逻辑。

3. 总线的仲裁

连接到总线上的功能模块有主动和被动两种形态，如 CPU 和存储器；主方可以启动一个总线周期，而从方只能响应主方的请求。每次总线操作，只有一个主方占用总线控制权，但同一时间里可以有一个或多个从方。除 CPU 外，I/O 功能模块也可以提出总线请求。为了解决多个主设备同时竞争总线控制权，必须具有总线仲裁部件，以某种方式选择其中一个主设备作为总线的下一次主方。对多个主设备提出的占用总线请求，一般采用优先级或公平策略进行仲裁。

仲裁的依据：优先级、公平策略。

仲裁的方式：按总线仲裁电路的位置不同，可分为集中式仲裁和分布式仲裁。

（1）集中式仲裁

集中式仲裁中每个功能模块有两条线连到中央仲裁器：一条是送往仲裁器的总线请求信

号线 BR，一条是仲裁器送出的总线授权信号线 BG。

① 链式查询方式

链式查询方式如图 3-33 所示，它的主要特点：总线授权信号 BG 串行地从一个 I/O 接口传送到下一个 I/O 接口。假如 BG 到达的接口无总线请求，则继续往下查询；假如 BG 到达的接口有总线请求，BG 信号便不再往下查询，该 I/O 接口获得了总线控制权。离中央仲裁器最近的设备具有最高优先级，通过接口的优先级排队电路来实现。

链式查询方式的优点：只用很少几根线就能按一定优先次序实现总线仲裁，很容易扩充设备。

链式查询方式的缺点：对询问链的电路故障很敏感，如果第 i 个设备的接口中有关链的电路有故障，那么第 i 个以后的设备都不能进行工作。查询链的优先级是固定的，如果优先级高的设备出现频繁的请求时，优先级较低的设备可能长期不能使用总线。

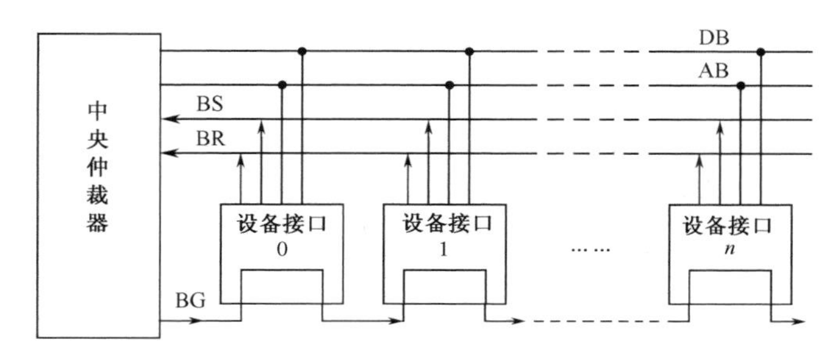

图 3-33　链式查询方式

② 计数器定时查询方式

计数器定时查询方式如图 3-34 所示，它的主要特点：总线上的任一设备要求使用总线时，通过 BR 线发出总线请求。中央仲裁器接到请求信号以后，在 BS 线为“0”的情况下让计数器开始计数，计数值通过一组地址线发向各设备。每个设备接口都有一个设备地址判别电路，当地址线上的计数值与请求总线的设备地址一致时，该设备置“1”BS 线，获得了总线使用权，此时中止计数查询。

计数器定时查询方式的优点：每次计数可以从“0”开始，也可以从中止点开始。如果从“0”开始，各设备的优先次序与链式查询法相同，优先级的顺序是固定的。如果从中止点开始，则每个设备使用总线的优先级相等，所以优先级的设置比较灵活。

计数器定时查询方式的缺点：线多，如果有 2^n 个设备，则需 n 条计数输出线，可见，这种优先级的灵活性是以增加线数为代价的。

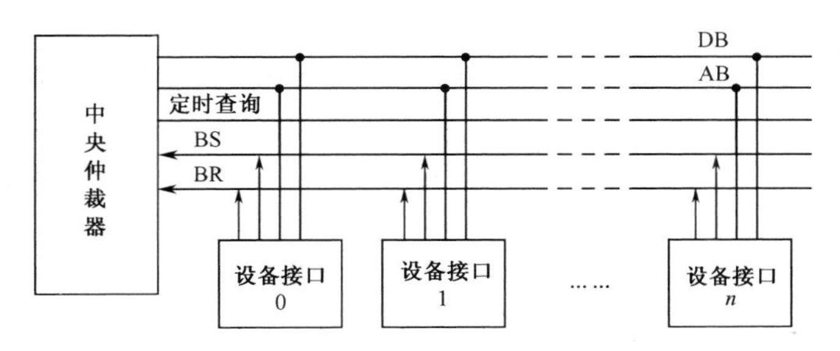

图 3-34　计数器定时查询方式

③ 独立请求方式

独立请求方式如图 3-35 所示，它的主要特点：每一个共享总线的设备均有一对总线请求线 BR*i* 和总线授权线 BGi。当设备要求使用总线时，便发出该设备的请求信号。中央仲裁器中的排队电路决定首先响应哪个设备的请求，给设备以授权信号 BG*i*。

独立请求方式的优点：响应时间快，确定优先响应的设备所花费的时间少，用不着一个设备接一个设备地查询。其次，对优先次序的控制相当灵活，可以预先固定也可以通过程序来改变优先次序；还可以用屏蔽（禁止）某个请求的办法，不响应来自无效设备的请求。

独立请求方式的缺点：线更多，如果有 *n* 个设备，则线需 *n* 条总线请求线和 *n* 条总线授权线。

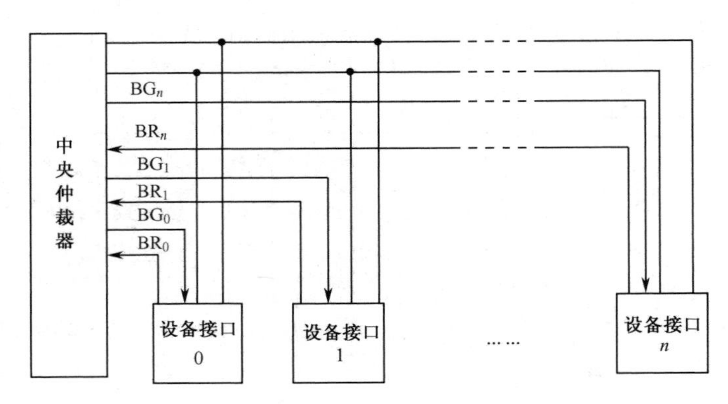

图 3-35　独立请求方式

（2）分布式仲裁

采用分布式仲裁的系统不需要中央仲裁器，每个潜在的主方功能模块都有自己的仲裁号和仲裁器。其工作原理为：当某一个或多个功能块有总线请求时，把它们唯一的仲裁号发送到共享的仲裁总线上，每个仲裁器将仲裁总线上得到的号与自己的号进行比较。如果仲裁总线上的号大，则它的总线请求不予响应，并撤销它的仲裁号。最后，获胜者的仲裁号保留在仲裁总线上。显然，分布式仲裁是以优先级仲裁策略为基础的。

4．总线类型的分类

总线的类型有很多，可以从不同角度进行研究分析，下面给出几种常见的分类方法。

（1）按总线连接的部件分类

① 内部总线

内部总线是指同一部件内部各器件之间连接的总线，例如 CPU 芯片内寄存器与算逻部件之间互连的总线。这种总线结构简单，传输距离短，速率高。

② 系统总线

系统总线是指在计算机系统内连接各功能部件（如 CPU、主存、I/O 接口等），或各插件板之间互连的总线，也称板级总线，系统总线包括地址、数据、控制以及电源线。

③ 外部总线

外部总线是指多台计算机系统之间，或计算机系统与其他系统之间互连的总线。这类总线的传输距离一般较远，速度较低，也称通信总线。

内部总线和系统总线都是采用并行传送的，而外部总线有的采用并行传送，有的采用串行传送。

课堂讨论

按总线连接的部件可以将总线分为内部总线、系统总线和外部总线，按照其概念的不同，试举例说明在计算机系统中哪些属于内部总线、系统总线和外部总线。

总线类型	举例
内部总线	
系统总线	
外部总线	

（2）按传送方向分类

① 单向总线

总线上传输的信息的方向是单一的，常见的有地址总线，用于传送地址信号。

② 双向总线

总线上传输的信息的方向是两个方向的，如：数据总线。

5. 系统总线的组成与类型

（1）系统总线的组成

系统总线是在计算机系统内连接各功能部件的总线，根据在其上传送信息的不同又可细分为数据总线、地址总线、控制总线以及电源线。

① 数据总线 DB（Data Bus）

数据总线用来实现数据传送，一般为双向传送。数据总线的宽度一般有 8 位、16 位、32 位、64 位等，它是系统总线的一个重要指标。

② 地址总线 AB（Address Bus）

地址总线用于传送地址信号，以确定所访问的存储单元或某个 I/O 端口，地址总线一般有 16 位、20 位、24 位、32 位等几种宽度标准。

③ 控制总线 CB（Control Bus）

控制总线用来传送各类控制/状态信号。控制总线的组成体现了不同总线的特点。按照各种控制信号的功用不同，可以将常见的控制信号分为以下几组：

- 读/写控制 RD/WR、内存/输入输出选择 M/IO。
- 应答信号。
- 地址有效信号。
- 总线请求与交换信号。
- 其他控制信号。常见的有复位 RESET、时钟信号 CLK、刷新信号 REFRESH、高字节使能信号 BHE、锁定信号 LOCK 等。

④ 电源线

许多总线标准中都包含有电源线的定义，主要有+5V 逻辑电源、GND 逻辑电源地线、−5V 辅助电源、±12V 辅助电源和 AGND 辅助地线。

（2）常见总线结构类型

常见的微机系统总线有：

① ISA 总线

ISA（Industrial Standard Architecture）总线标准是 IBM 公司 1984 年为推出 PC/AT 机而建立的系统总线标准，所以也叫 AT 总线。它是对 XT 总线的扩展，以适应 8/16 位数据总线要求。它在 80286 至 80486 时代应用非常广泛，以至于现在奔腾机中还保留有 ISA 总线插槽。ISA 总线有 98 只引脚。

② EISA 总线

EISA 总线是 1988 年由 Compaq 等 9 家公司联合推出的总线标准。它是在 ISA 总线的基础上使用双层插座，在原来 ISA 总线的 98 条信号线上又增加了 98 条信号线，也就是在两条 ISA 信号线之间添加一条 EISA 信号线。在实用中，EISA 总线完全兼容 ISA 总线信号。

③ VESA 总线

VESA（Video Electronics Standard Association）总线是 1992 年由 60 家附件卡制造商联合推出的一种局部总线，简称为 VL（VESA Local Bus）总线。它的推出为微机系统总线体系结构的革新奠定了基础。该总线系统考虑到 CPU 与主存和 Cache 的直接相连，通常把这部分总线称为 CPU 总线或主总线，其他设备通过 VL 总线与 CPU 总线相连，所以 VL 总线被称为局部总线。它定义了 32 位数据线，且可通过扩展槽扩展到 64 位，使用 33MHz 时钟频率，最大传输率达 132MB/s，可与 CPU 同步工作。它是一种高速、高效的局部总线，可支持 386SX、386DX、486SX、486DX 及奔腾微处理器。

④ PCI 总线

PCI（Peripheral Component Interconnect）总线是当前最流行的总线之一，它是由 Intel 公司推出的一种局部总线。它定义了 32 位数据总线，且可扩展为 64 位。PCI 总线主板插槽的体积比原 ISA 总线插槽还小，其功能比 VESA、ISA 有极大的改善，支持突发读写操作，最大传输速率可达 132MB/s，可同时支持多组外围设备。PCI 局部总线不能兼容现有的 ISA、EISA、MCA（Micro Channel Architecture）总线，但它不受制于处理器，是基于奔腾等新一代微处理器而发展的总线。

⑤ AGP

AGP 图形加速端口（Accelerated Graphics Port）是近几年由 Intel 在主板上发展起来的最重要的总线标准。它直接与主板的北桥芯片相连，且该接口让视频处理器与系统主内存直接相连，避免经过窄带宽的 PCI 总线而形成系统瓶颈，增加 3D 图形数据传输速度，而且在显存不足的情况下还可以调用系统主内存，所以它拥有很高的传输速率，这是 PCI 等总线无法与之相比拟的。所以严格说来，AGP 不能称为总线，因为它是点对点连接，即连接控制芯片和 AGP 显示卡，但现在我们依然称它为 AGP 总线。

AGP 以 66MHz PCI Revision2.1 规范为基础，在此基础上扩充了以下主要功能：由于采用了数据读写的流水线操作减少了内存等待时间，数据传输速度有了很大提高；具有 133MHz 的数据传输频率；可直接内存执行 DIME；地址信号与数据信号分离可提高随机内存访问的速度；采用并行操作，允许在 CPU 访问系统 RAM 的同时让 AGP 显示卡访问 AGP

内存，显示带宽也不与其他设备共享，从而进一步提高了系统性能。

⑥ PCI Express

PCI Express 是新一代的总线接口，而采用此类接口的显卡产品从 2004 年下半年开始已经全面面世。早在 2001 年的春季“英特尔开发者论坛”上，英特尔公司就提出了要用新一代的技术取代 PCI 总线和多种芯片的内部连接，并称之为第三代 I/O 总线技术。随后在 2001 年年底，包括 Intel、AMD、DELL、IBM 在内的二十多家业界主导公司开始起草新技术的规范，并在 2002 年完成，对其正式命名为 PCI Express。

PCI Express 采用了目前业内流行的点对点串行连接，比起 PCI 以及更早期的计算机总线的共享并行架构，每个设备都有自己的专用连接，不需要向整个总线请求带宽，而且可以把数据传输率提高到一个很高的频率，达到 PCI 所不能提供的高带宽。相对于传统 PCI 总线在单一时间周期内只能实现单向传输，PCI Express 的双单工连接能提供更高的传输速率和质量，它们之间的差异跟半双工和全双工类似。

PCI Express 的接口根据总线位宽不同而有所差异，包括 1X、4X、8X 以及 16X（2X 模式将用于内部接口而非插槽模式）。较短的 PCI Express 卡可以插入较长的 PCI Express 插槽中使用。PCI Express 接口能够支持热拔插，这也是个不小的飞跃。PCI Express 卡支持的三种电压分别为+3.3V、3.3Vaux 以及+12V。用于取代 AGP 接口的 PCI Express 接口位宽为 16X，能够提供上行、下行 2X4GB/s 的带宽，远远超过 AGP 8X 的 2.1GB/s 的带宽。

PCI Express 推出之初，相应的图形芯片对其的支持分为原生（Native）和桥接（Bridge）两种。ATI 是最先推出原生 PCI Express 图形芯片的公司，而 NVIDIA 公司首先提出了桥接的过渡方法，让针对 AGP 8X 开发的图形芯片也能够生产出 PCI Express 接口的显示卡。但是桥接的 PCI Express 显示卡实际上并不能真正利用 PCI Express 16X 的 2X4GB/s 的带宽。但也有观点认为 ATI 最初推出的原生 PCI Express 图形芯片并非真正的“原生”，但迄今这一说法并未被证实。

习题 3

一、填空题

1. 在 CPU 中主要有六大类寄存器，分别为累加器、_________、_________、_________、_________、_________。

2. CPU 的寄存器中存放指令的是________，决定下一条指令地址的是________。

3. 一个完备的指令系统应包含_________、_________、_________和_________等几个方面的要求。

4. 指令的格式由_________和_________两部分信息组成。

5. 一般来说，指令中地址码个数越多，则用该种指令编写的程序长度_________；指令中地址码个数越少，则程序长度_________。

6. 在地址指令格式中 OP 表示____________，A 表示____________，（A）表示____________。

7. 不同的指令周期中所包含的机器周期数差别可能很大。一般情况下，一条指令所需的最短时间为两个机器周期：____________和____________。

8. 按存取方式对存储器进行分类，可以分为____________、____________、____________和_______。

9. CPU 能直接访问______和______，但不能直接访问磁盘和光盘等辅助存储器。

10. 现有1024×1的存储芯片，若用它组成容量为16K×8存储器，需要该类芯片__________片，若将这些芯片分装在若干块板上，每块板的容量为 4K×8，该存储器所需的地址线总位数为__________，其中有__________位用于选板，有__________位用于板内选组，有__________位用做片内地址。

11. 总线是能被系统中多个部件分时共享的一组________。

12. 总线按数据传送格式可分为________和________，其中________传输速度高，________传输距离远。

13. 单总线结构是指________、________和________均通过一组总线连接。

14. 在双总线系统中，CPU 对________和________有不同的指令系统，所以访问内存和访问输入/输出操作各有不同的指令。

15. 对多个主设备提出的占用总线请求，集中式仲裁方式又有________、________和________之分。

二、单项选择题

1. 指令周期是指（　　）。

A. CPU 从主存取出一条指令的时间　　B. CPU 执行一条指令的时间

C. CPU 从主存取出一条指令加上执行这条指令的时间　　D. 时钟周期时间

2. 在指令格式中，采用扩展操作码设计方案的目的是（　　）。

A. 减少指令的长度　　B. 增加指令的长度

C. 保持指令长度不变　　D. 增加寻址空间

3. 在变址寻址方式中，操作数的有效地址等于（　　）。

A. 变址寄存器内容＋形式地址（位移量）　　B. 程序计数器内容＋形式地址

C. 基址寄存器内容＋形式地址　　D. 堆栈指示器内容＋形式地址

4. 指令系统中采用不同寻址方式的目的主要是（　　）。

A. 实现存储程序和程序控制

B. 可以直接访问外存

C. 提供扩展操作码的可能，降低指令译码难度

D. 缩短指令长度，扩大寻址空间，提高编程灵活性

5. 设变址寄存器为 X，形式地址为 D，（X）表示寄存器 X 的内容，这种寻址方式的有效地址为______。

A. EA=（X）+D　　B. EA=（X）+（D）　　C. EA=（(X）+D)　　D. EA=（(X）+（D))

6. 存储单元是指（　　）。

A. 存放一个字节的所有存储元的集合　　B. 存放一个机器字的所有存储元的集合

C. 存放一个多个字节的所有存储元的集合　　D. 存放一个二进制数位的存储元的集合

7. CPU 可以直接访问的存储器是（　　）。

A. 光盘　　B. 硬盘　　C. 软盘　　D. 内存

8. 主存储器与 CPU 之间增加 Cache 的目的是（　　）。

A. 扩大主存储器的容量　　B. 扩大 CPU 中通用寄存器的数量

C. 解决两者间速度匹配的问题　　D. 既扩大 CPU 中通用寄存器的数量，又扩大主存储器的容量

9. 某计算机字长 32 位，其存储容量位 512K×8 位，该芯片的数据总线和地址总线数目分别为（　　）。

A. 8，19　　B. 8，512　　C. 19，8　　D. 512，8

10. 根据传送信息的种类不同，系统总线可分为（　　　　）。

A. 地址线和数据线　　B. 地址线、数据线和控制线

C. 地址线、数据线和响应线　　D. 数据线和控制线

11. 信息只用一条传输线，且采用脉冲的传输方式称为（　　　　）。

A. 串行传输　　B. 并行传输　　C. 并串行传输　　D. 分时传输

12. 接在总线上的多个部件（　　　　）。

A. 只能分时向总线发送数据，并只能分时从总线接收数据

B. 只能分时向总线发送数据，但可同时从总线接收数据

C. 可同时向总线发送数据，并同时从总线接收数据

D. 可同时向总线发送数据，但只能分时从总线接收数据

三、简答题

1．举例说明哪几种寻址方式除去取指令以外不访问存储器？哪几种寻址方式除去取指令以外只需访问一次存储器？

2．简述现代计算机中都采用的三级存储器体系结构。

3．试比较单总线、双总线和三总线结构的特点及其对计算机性能的影响。

四、关键思考题

1. 设某机为定长指令字结构，指令长度 12 位，每个地址码占 3 位。

（1）试提出一种分配方案，使该指令系统包含：4 条三地址指令，8 条二地址指令，180 条单地址指令；

（2）若三地址指令 4 条，单地址指令 255 条，零地址指令 64 条，能否构成？为什么？

2. 一个 16K×16 的存储器，由 1K×4 位的 DRAM 芯片构成，问：

（1）总共需要多少 DRAM 芯片?

（2）画出存储体的组成框图。

第4章　使用软件控制计算机工作

计算机硬件系统为计算机解决实际问题提供了重要基础，但是，计算机要能够听从人类的指挥，自动地完成特定任务，就必须能够理解与人类交流的“语言”，还必须具有一整套解决问题的思路和方法，这就需要为计算机系统配置完善的软件系统，通过软件系统控制与人类交流，完成一系列工作。

4.1　计算机语言与软件

4.1.1　计算机语言

人类通过自然语言（如汉语、英语等）相互交流思想和感情。而人类与计算机之间的信息交流需要使用能被计算机所理解的计算机语言，计算机语言是能完整、准确地表达人的意图并控制计算机完成指定功能的符号系统，通常又可称为程序设计语言。程序设计语言一般可分为机器语言、汇编语言和高级语言三类。

1．机器语言

机器语言是计算机的中央处理器可以直接识别并执行的语言。机器语言是以0或1二进制代码表示的指令集合，其特点是程序执行效率高，但通用性差，直观性差，并且难懂、易错。

例如，算术运算“2+3”，用机器语言表示为：

00000010　00000001　00000011

其中，二进制数00000001表示加法运算。显然，由于计算机硬件系统只能直接识别二进制数，所以机器语言可以被计算机直接“读懂”，而人类很难阅读与理解。

2．汇编语言

汇编语言是用较直观、容易记忆和书写的助记符表示二进制指令的操作码及操作数，又称做符号语言。汇编指令与机器指令基本上是一一对应的。例如，在汇编语言中用“ADD”表示加法操作。

由于计算机只能直接理解并执行用机器语言编写的程序，因此用汇编语言编写的源程序是不能直接在计算机上运行的，而必须通过被称为“汇编程序”的翻译，将其翻译成机器语言程序（目标程序）后才能使计算机接受并执行。

机器语言与汇编语言都是面向机器、依赖于硬件本身而设计的语言，它们都依赖于硬件并与计算机硬件直接相关，不同种类的计算机其机器语言与汇编语言也不相同。机器语言与

汇编语言又被称做低级语言。

3. 高级语言

高级语言是 20 世纪 50 年代中期出现的、独立于具体的计算机硬件、接近于人类的自然语言（英语）和数学语言符号的程序设计语言。高级语言通用性和可移植性好，而且便于人类阅读与维护。例如，在高级语言中，一般直接用“2+3”表示该运算。

用高级语言编写的程序称做源程序，计算机不能直接识别和执行，必须经过语言处理程序翻译成机器语言程序（又称做目标程序），才能为计算机所执行。

计算机将源程序翻译成目标程序有两种翻译方式：编译方式和解释方式。编译方式是通过编译程序将源程序的全部语句翻译成目标程序，再经过连接程序的连接形成可执行程序，其特点是运行速度快。解释方式是使用解释程序将源程序中语句逐条翻译成计算机可以识别的机器代码，翻译一条，执行一条，边翻译边执行，在解释方式下将不产生目标程序代码，其特点是执行速度慢，但人机对话性强，对初学者来说比较易懂易学。

4.1.2　计算机软件

1. 指令和程序的概念

（1）指令

指令是由二进制代码表示的、能使计算机完成某一基本操作的命令。一种计算机所能识别并执行的全部指令的集合称做该种计算机的指令系统。计算机的指令系统依赖于计算机的硬件系统（主要指 CPU），不同类型的计算机的指令系统是不完全一样的，指令系统越丰富，计算机对数据运算和处理的能力也就越强。

计算机指令一般由操作码和操作数两部分组成，操作码表示该指令要计算机执行的基本操作（如加、减、传送等），操作数是指参与操作的具体数据（如相加的两数、传送的数等）。指令的一般格式如下：

操作码	操作数

（2）程序

计算机程序是一组精确地告诉计算机执行什么操作和什么时候执行操作的连续指令集，由于各项任务的复杂程度和时间长度存在差异，因此计算机程序的大小也各不相同。一台计算机指令系统越丰富、完备，编写解决具体问题的程序越方便。

冯·诺依曼型计算机的工作原理就是“存储程序和程序控制”。为了完成某一特定的任务，首先将编写好的程序以及程序运行所需的数据通过输入设备输入到计算机并存储在存储器中，然后在程序控制下逐条执行程序中的每条指令。

程序提供了问题的解决方案，计算机通过执行程序解决问题。

2. 软件的概念及分类

在计算机中，当几个程序一起工作可以提供更为强大的功能时，通常把这些程序组合成一个软件包。软件是指计算机运行时所需的程序、数据及相关资料的总和。只有硬件而无软

件的计算机称做“裸机”，它不能做任何工作。“裸机”与软件相结合才能构成一台完整的计算机系统。软件的发展依赖于硬件做基础，但软件的发展反过来又能促进硬件的发展，它们之间是相互依存、相互支持、在一定条件下又可以相互转化的关系。

从计算机系统角度来看，软件可分为系统软件和应用软件两大类。

① 系统软件

系统软件是指控制和协调计算机硬件及其外部设备、支持应用软件的开发和运行的软件。有了系统软件，我们就不必直接和计算机硬件打交道，而是通过系统软件来间接地使用计算机硬件资源，这样不仅方便了用户，而且提高了机器的工作效率。

- 操作系统

操作系统（Operating System，简称 OS）是用以控制和管理计算机硬件和软件资源、合理地组织计算机工作流程并方便用户充分且有效地使用计算机资源的程序集合。操作系统是系统软件的核心，是整个计算机系统的“管家”，它担任用户与计算机之间的接口。

操作系统的主要功能是控制和管理计算机系统资源，一般功能比较完善的操作系统都提供：处理机管理、存储管理、设备管理、作业管理和文件管理等五大功能模块。

- 设备驱动程序

操作系统需要通过设备驱动程序来与硬件通信。设备驱动程序是帮助操作系统与计算机中的硬件组件进行通信的应用程序，与硬件和操作系统直接交互，主要用来管理计算机的硬件设备，如打印机、显示器、硬盘驱动器等。

例如，当用 Word 程序打开一个文档文件时，Word 程序向操作系统发出一个命令，要求从指定路径得到该文件，随后操作系统通过设备驱动程序与硬盘通信，以访问该文件。

设备驱动程序一般包含在操作系统中。

② 应用软件

应用软件是为了解决各种具体的实际应用问题而编制的程序。由于计算机应用领域广泛，应用软件的种类也特别多，常见的有科学计算程序、文字处理软件、计算机辅助教学软件、计算机辅助设计软件包（CAD）等。

课堂讨论

请写出三种操作系统和应用软件名称。

操作系统	应用软件

4.2　计算机软件执行过程与设计方法

4.2.1　解决问题的逻辑方法

在生活中解决一个问题，需要通过若干步骤完成一个过程以达到目的。例如，新同学到学校的报到过程，可能需要经过如图 4-1 所示步骤。实际上，解决一个问题的方法和步骤可能不止一种，每一种方法和步骤都要按一定的顺序进行，但对一个具体的问题而言，总存在着一个最佳方法。

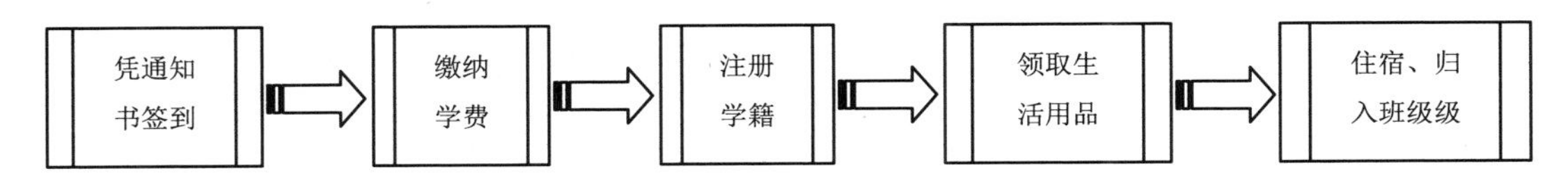

图 4-1　新生报到过程

在计算机中，人们开发程序的目的就是要使用程序解决现实生活中的问题。为了解决一个问题，程序需要执行一系列的步骤，这个解决问题的步骤序列就称做算法，即算法是指解决问题的方法和步骤。

算法的目的是要将解决问题的方法与步骤的逻辑描述清楚，所以，表示算法的方法很多，常用的表示方法有：文字描述、流程图、伪代码等。

（1）使用文字描述表示算法

文字描述方式就是将算法的步骤与逻辑通过文字表达出来。例如，上述关于“新生报到”的算法过程可描述如下：

S1．凭通知书签到
S2．缴纳学费
S3．注册学籍
S4．领取生活用品
S5．住宿、归入班级

使用文字描述算法符合人们的日常逻辑习惯，容易表达，但是，由于文字的多义性（尤其是中文），这种表示方式容易产生逻辑的歧义，而且不够直观。

（2）使用流程图表示算法

流程图是指利用标准的图形符号来描述程序处理的步骤，其特点是直观易读。流程图包括一个基本符号集合，其中每个符号表示算法中指定类型的操作，如表 4-1 所示。

表 4-1　流程图常用图形符号

图形符号	名　称	说　明
(圆角矩形)	起止框	表示一个算法的开始或结束
(平行四边形)	输入/输出框	表明算法需要输入或输出的数据
(矩形)	运算处理框	表明算法要进行的运算处理

续表

图形符号	名　称	说　明
◇	判断框	通过条件判断，决定算法流程的走向
○	连接圈	把流程图中的某个步骤和同一页上的另一个步骤连接起来的页内连接符
→	流程线	表示算法的执行方向

在图形框中使用自然语言或数学符号填写框中内容。

使用流程图表示算法直观、清晰，因此在程序开发中被广泛使用。例如，图4-2是一个描述夜间上网的人的年龄判别算法流程：

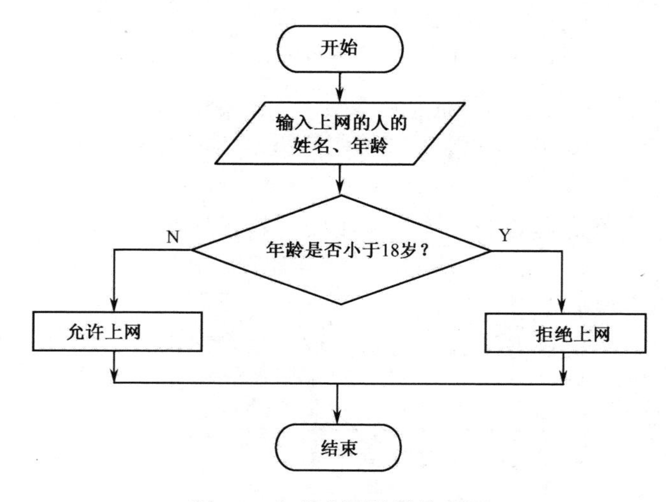

图 4-2　年龄判别算法流程图

（3）使用伪代码表示算法

伪代码使用简单易懂的语言符号表示算法，其优点是可读性好，程序细节表达清楚，且便于检测、修复错误，相比流程图更接近实际代码。表 4-2 描述了伪代码的一些常用关键字符号。

表 4-2　伪代码常用关键字

图形符号	名　称	说　明
//	注释	用于标注本行代码的注释信息
begin…end	起止语句	标记一个代码块的起始与结束
accept	输入语句	接收算法需要的输入数据
display	输出语句	显示算法处理结果数据
if…else	判断语句	检查条件并做出算法流程的判断

4.2.2　计算机程序解决问题的基本逻辑

1．顺序结构

某些问题的解决算法是按顺序进行的，即做完步骤 A 就顺序做步骤 B，例如上面描述的“新生报到”算法，这种逻辑结构称做顺序结构。顺序结构如图 4-3 所示，A 步骤与 B 步骤之间必须按顺序执行。

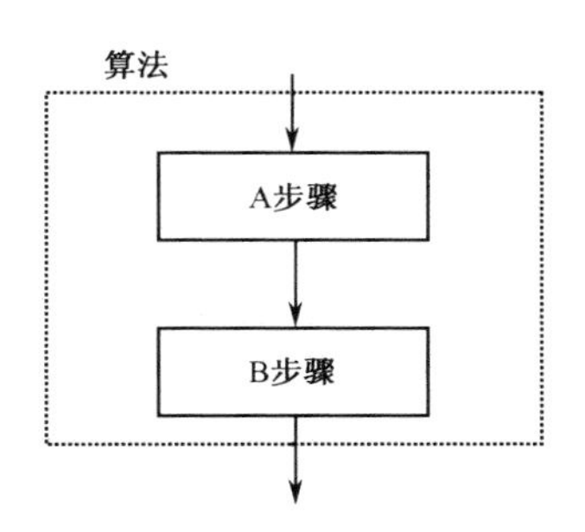

图 4-3　程序的顺序结构

2．分支结构

大多数问题的解决方法不像顺序结构那么简单，通常需要对具体情况进行判断并在判断的基础上决定采取什么样的行动。这种需要对给定的条件进行判断，然后根据判断结果在两种解决方法中选择其中一种方法的逻辑结构称做分支结构，也称做选择结构，例如，前面描述的年龄判别算法就属于这种结构。分支结构如图 4-4 所示，当“条件 P”成立时执行 A 步骤，否则执行 B 步骤。

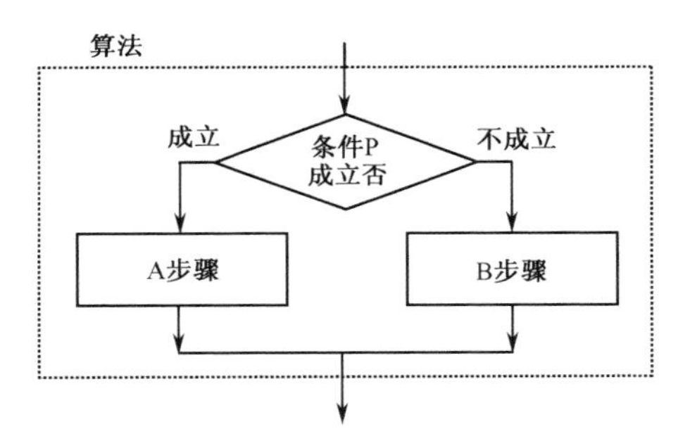

图 4-4　程序的分支结构

在分支结构的程序中，可以使用用户输入的数据作为一个条件，根据用户输入的不同，程序每次的表现也不一样。例如，在游戏程序中，用户选择“单人”或“多人”登录游戏的结果是不一样的。

3．循环结构

在解决问题时，常常会遇到需要重复执行某一个或某一些相同步骤的情况，例如，在登录 QQ 时，如果输入的账号或密码有错误，系统就会重复提示要求重新输入账号或密码。这种重复执行某些步骤的程序结构称做循环结构。循环结构如图 4-5 所示，当条件 P 成立时重复执行步骤 A，直到条件 P 不成立时跳出。

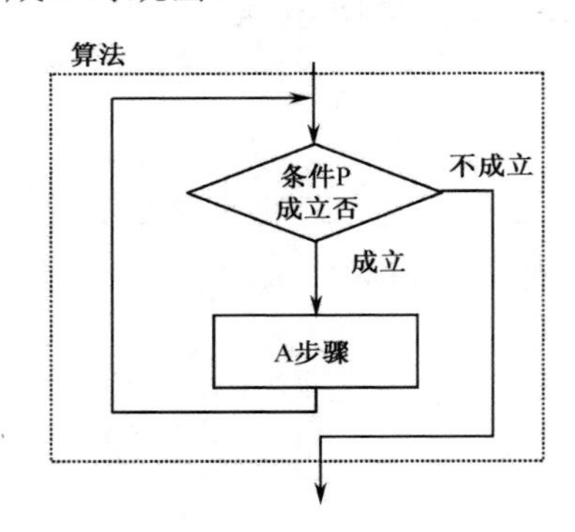

图 4-5 程序的循环结构

4.2.3 计算机程序的执行过程

程序员使用高级语言，按照指定的语法和关键字编写程序（源程序），然后使用高级语言开发环境提供的编译器将源程序编译成目标程序，交付用户使用，如图 4-6 所示。

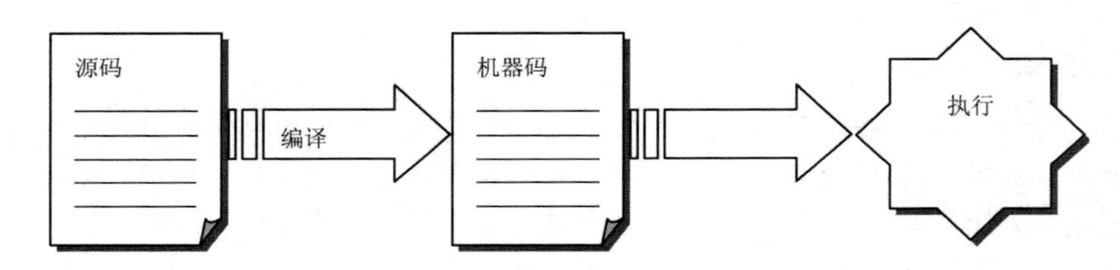

图 4-6 程序的执行过程

计算机程序的执行过程都是相似的，即：程序运行后，由用户输入程序执行必需的数据，程序处理该数据，最后将处理结果输出到显示器上或通过打印机打印在纸上，这样的执行过程被称做“输入—处理—输出”过程。

 **[案例] 飞机航班预定程序。**

1．输入阶段

输入阶段是计算机程序执行的第一个阶段，在该阶段中，程序要求用户通过计算机的输入设备输入程序执行所必需的数据。

例如，用户需要预定某航班的一个座位，用户必须提供关于座位要求的相关信息，如目的地、出发日期及时间、座位的类别等数据，由航班售票员将这些数据输入到计算机程序中。

2．处理阶段

在程序的处理阶段，程序对用户在输入阶段输入的数据进行运算、处理。

例如，在飞机航班预定程序的处理阶段，程序针对用户在输入阶段输入的数据进行处理，判断用户指定的航班中是否有符合条件的座位。

3. 输出阶段

输出阶段一般是程序执行的最后阶段，在输出阶段中，计算机程序将通过显示器或打印机等输出设备输出经过处理后的信息。

例如，在飞机航班预定程序的输出阶段，程序将在显示器上或打印机上输出指定航班剩余座位的信息。

课堂讨论

试描述自己曾经用过的软件输入、处理和输出这三个阶段。

习题4

一、填空题

1. 使用高级语言编写的程序称做______程序，经过编译处理后形成的程序称做_______程序。
2. 在微型计算机的软件系统中，用于管理系统资源的一组专用程序统称为__________。
3. 计算机高级语言源程序必须翻译成__________语言才能被机器执行。
4. 在流程图中，菱形框表示______________，矩形框表示______________。
5. 计算机程序的三种基本结构是______________、______________和______________。
6. 汇编语言是由机器语言符号化而成的程序设计语言，由该语言编写的程序必须经过______________翻译成目标程序，再经过连接后方可被机器执行。

二、单项选择题

1. 下面关于系统软件与应用软件相互关系的叙述，正确的是（　　　）。
   A. 系统软件与应用软件相互支持运行，缺一不可
   B. 系统软件必须在应用软件的支持下才能运行
   C. 应用软件必须在系统软件的支持下才能运行
   D. 系统软件与应用软件都可独立运行，相互没有依赖关系
2. 计算机能够直接识别和处理的语言是（　　　）。
   A. 汇编语言　　B. 自然语言　　C. 高级语言　　D. 机器语言
3. 下面有关软件的叙述不正确的是（　　　）。
   A. 软件是指计算机运行时所需要的各种程序、数据及有关的资料
   B. 软件和硬件在一定条件下可以相互转化
   C. 软件分为系统软件和应用软件两类
   D. 系统软件必须在应用软件的支持下才能运行
4. 计算机指令是由二进制代码表示的，因此它能被计算机（　　　）。
   A. 编译后执行　　B. 解释后执行　　C. 汇编后执行　　D. 直接执行
5. 下列软件中，不属于系统软件的是（　　　）。
   A. 编译软件　　B. 文字处理软件　　C. 操作系统　　D. 数据库管理系统
6. 张放同学新买了一台计算机，为了练习软件的安装，他要求电脑公司为他提供一台裸机（即没有安装任何软件的计算机），那么张放同学首先应安装的软件是（　　　）。

A. 图片浏览软件 B. 网络工具软件 C. 操作系统 D. 程序设计软件

三、简答题

1．试写出五种高级语言的名称。

2．流程图的用途是什么？

3．试分析系统软件与应用软件的关系。

四、关键思考题

默里（Murray）公司主要业务是制造与经销计算机耗材，每月月末都需要计算总销售额。总销售额按照产品的销售数量乘以产品的价格进行计算。

1．请确定该问题解决方法中输入与输出数据。

输入：______________________________

输出：______________________________

2．请确定该问题解决方法中有哪些相关处理。

处理 1：______________________________

处理 2：______________________________

处理 3：______________________________

3．画出该问题的解决方法的流程图。

第 5 章　通过网络将计算机连起来

当今时代是一个数字化、网络化和信息化的时代，而这些都是以计算机网络为基础的，计算机网络的应用与发展已经成为影响一个国家或地区政治、经济、军事、科技和文化发展的重要因素之一。丰富的信息资源、快捷的检索功能、便利的通讯方式吸引着越来越多的人们使用计算机网络。人们可以通过网络阅读文章、查找资料、收发邮件、观赏电影等。这一章，我们就来学习计算机网络的组成与工作原理等有关知识。

5.1　计算机网络定义与分类

简单地说，计算机网络就是利用通信设备和线路将分布在不同地点、功能独立的多个计算机互连起来，通过功能完善的网络软件，实现网络中资源共享和信息传递的系统。通过计算机网络系统，可以共享打印机、硬盘、光盘、绘图仪、扫描仪等外围设备，共享文本、图片、音像等各种信息资源，共享各类应用程序软件、学习软件，使用电子邮件和 IP 电话等进行通信交流等。

5.1.1　计算机网络概述

1. 计算机网络的形成与发展

计算机网络是计算机技术与通信技术发展的必然产物，其形成与发展大致可分为以下四个阶段：

第一阶段 20 世纪 50 年代，面向终端的计算机网络，该阶段的计算机网络是以单个计算机为中心的远程联机系统，构成面向终端的计算机网络，因此被称为多用户联机系统或具有通信功能的多机系统。

第二阶段 20 世纪 60 年代，数据通信网络，将多个计算机的终端网络（如通信子网、资源子网）系统连接起来，形成以传递信息为主要目的计算机网络系统。

第三阶段 20 世纪 70 年代，开放的标准化网络，随着各种计算机网络系统的迅速发展，出现了网络体系结构和网络协议等，实现了不同网络系统之间的互联。

第四阶段 20 世纪 90 年代，Internet 时代，从上个世纪 90 年代开始，整个网络发展成为以 Internet（因特网）为代表的互联网。因特网是一个将全球成千上万的计算机网络连接起来而形成的全球性计算机网络，它使得全球联网的计算机之间可以相互交换信息或共享资源。

2．计算机网络的定义与功能

（1）定义

计算机网络是指将不同地理位置、具有独立功能的多个计算机系统，通过通信设备和通信线路连接起来，通过网络软件（包括网络通信协议、数据交换方式及网络操作系统等）实现信息资源共享的系统。

（2）功能及应用

计算机网络的主要功能体现在数据通信、资源共享、分布式处理、集中管理、提高兼容性和安全性等方面。

数据通信。数据通信是计算机网络最基本的功能，它用来快速传送计算机与终端、计算机与计算机之间的各种信息，包括文字信件、新闻消息、咨询信息、图片资料等。

资源共享。通过计算机网络系统，我们可以共享他人的硬件资源（如打印机、绘图仪、外部存储器等）、软件资源（如文字处理程序、各种设计程序和服务程序等）、数据与信息资源（如电子邮件、新闻消息、信息查询等）。

分布式处理。对于大型的综合性任务，计算机网络可以合理选择网上资源，将任务有效地、及时地分配给不同的计算机去完成，以达到协同工作、提高效率的目的。

集中管理。对于那些在地理位置上分散的组织、部门集中管理的事务，可通过计算机网络来实现对数据进行集中处理，如飞机、火车订票系统，银行通存通兑业务系统等。由于各个业务在地理位置上的分散，而又需要对数据信息进行集中处理，单个计算机系统是无法解决问题的，此时需要借助于网络来完成。

提高安全性。计算机网络中的各种设备既相互连接又相对独立，既便于进行分散处理，又能保证当网络中某个设备发生故障时，可通过多种路径将任务传送到别的系统中处理，从而确保任务及时完成。

3．网络体系结构与协议

世界上有无数个大大小小的网络。网络内部、网络之间每时每刻都在进行着数据的传输。那么这些数据是如何传输的呢？它们怎么知道自己该往何处？又如何前往目的地？数据传输的过程虽然看不见、摸不着，但却是网络应用的基础。

（1）数据传输的过程

网络的三大主要功能能够得以实现，其最基本的保证在于网络中计算机之间的数据能够得以传输。为了更好地理解网络中的数据传输，我们先来看看邮政系统中信件是如何传送的，因为计算机网络中的信息传输与邮政系统中的信件传送有许多相似之处，如图 5-1 所示。

在信件传递的过程中，主要涉及三个子系统，即用户子系统、邮局子系统和运输子系统。

人们写信时，都有个约定，这就是信件的格式和内容。如所用语言必须是双方都懂的，在格式方面要把对方称谓、写信人落款写在固定位置。这样，对方收到信后，才能知道是谁写的信，能够看懂信的内容。

信写好后，必须用信封装好并交由邮局寄发，这样寄信人与邮局之间也要有约定，如规定信封写法并贴好邮票。

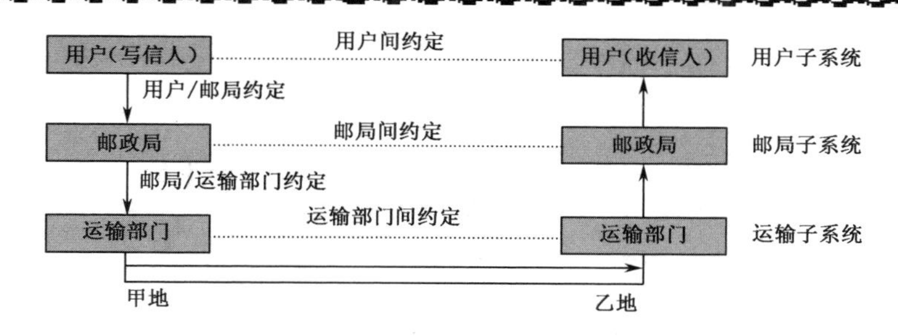

图 5-1　邮政系统分层模型

邮局收到信后，交付给运输部门进行运输。这时，邮局和运输部门之间也有约定，如到达时间、地点等。信件运送到目的地后按相反的过程传送，最终将信件送到收信人手中。

网络中的信息传输也是通过各种模型和约定来规定传输的路径、方式等。

（2）OSI 参考模型

为了有效地传递网络中的信息，计算机网络采用层次结构模型，将网络分成若干层次，每个层次负责不同的功能。每一个功能层中，通信双方都要共同遵守相应的约定，我们把这种约定称为协议。网络协议就像网络通信中的共同语言，保证通信的顺利进行。国际标准化组织于 1977 年提出世界范围内互联的网络体系结构标准框架，这就是开放系统互联参考模型，英文简称 OSI。

OSI 参考模型将网络结构划分成七层，见表 5-1。

表 5-1　OSI 参考模型

层　名	英文名称	主要功能
应用层	Application Layer	在网络应用程序之间传递信息
表示层	Presentation Layer	处理文本格式化，显示代码转换
会话层	Session Layer	建立、维持、协调通信
传输层	Transport Layer	确保数据正确发送
网络层	Network Layer	决定传输路由，处理信息传递
数据链路层	Data Link Layer	编码、编址、传输信息
物理层	Physical Layer	管理硬件连接

OSI 参考模型中数据（或信息）的实际传送过程如图 5-2 所示。主机 A 的发送进程欲将数据发送给主机 B 的接收进程，它先将数据传送给自己的应用层，应用层在收到的数据上加上该层的控制信息（地址信息、控制信息、错误校验信息等），进行封装，然后将封装好的数据传送给表示层，表示层在收到的数据上加上表示层的控制信息，然后传送给会话层。依此类推，当传输到物理层时，数据通过实际的物理介质传到接收方。在接收方主机 B 上，每一层都从接收到的数据中去除本层的控制信息，然后传给它的上一层，这样逐层上传，直到接收进程。信息从系统 A 开始发出就一直向下不断分解到比特（bit）级传输过去，在系统 B 中，数据重新自下而上不断组合最终还原为初始信息。

（3）TCP/IP 协议体系

OSI 参考模型只是一种理想的概念模型，在实际应用中常用的协议有 TCP/IP、IPX/SPX、NetBEUI、AppleTalk 等。TCP/IP 因其低成本以及在多个不同平台间通信的可靠性，而成为目前因特网中使用最为广泛的协议，它大致可分为四个层次，如图 5-3 所示。

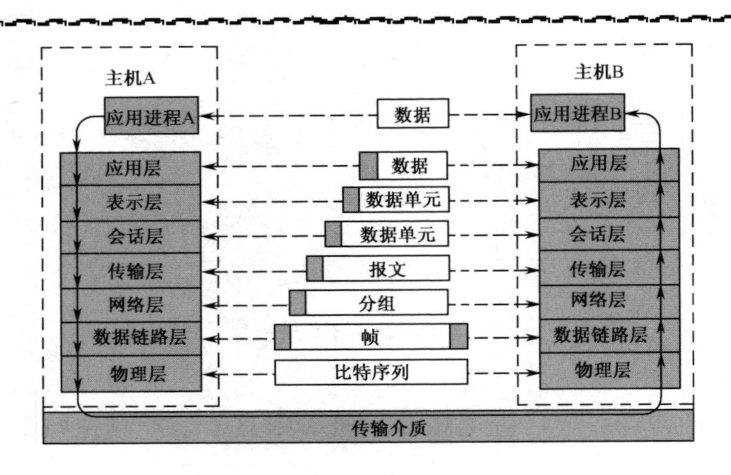

图 5-2　OSI 中数据传输过程

- 网络层

网络层包含了 OSI 参考模型中的物理层和数据链路层，也叫网络接口层或网络存取层，是模型的底层，负责通过网络发送和接收 IP 数据包。这一层允许主机连入网络时使用多种协议，如以太网协议、令牌环网协议、ATM 协议等。

- 网际层

网际层是整个体系结构的关键部分，使主机可以把信息分组发往任何网络并到达目的主机，主要处理路由选择、流量控制和网络拥塞，这一层的主要协议是 IP 协议。

- 传输层

传输层的主要功能是实现网络中的源主机与目标主机的对等实体之间建立基于会话的端到端的连接。这一层定义了两个端到端的协议：一个是 TCP（传输控制协议），另一个是 UDP（用户数据报协议）。

- 应用层

这一层包含所有的高层协议（应用层协议），如网络终端协议（Telnet）、文件传输协议（FTP）、简单邮件传输协议（SMTP）、简单网络管理协议（SNMP）、超文本传输协议（HTTP）等。

在 TCP/IP 协议集中，TCP 协议和 IP 协议是最重要的核心协议。TCP 协议的工作是对数据包进行管理与核对，IP 协议的工作是把数据包从一个地方传递到另一个地方，保证数据包的正确性，因此 TCP/IP 成为了效率最高的体系结构。

4．数据通信技术基础

在计算机网络中，数据的发送方与接收方通常不是直接连接在一起的，而是需要经过若干个中间节点的转接，例如，通过若干个路由器、交换机等设备，这就要用到数据交换技术。数据交换技术主要有三种类型：电路交换、报文交换和分组交换。

（1）电路交换技术

电路交换技术，就像老式的有线电话，当甲方需要与乙方通话时，要先由接线员将甲乙双方的线路连起来，双方之间建立了一条实际的物理线路。它只是一条临时的、专用的传输通道，通话结束后，这条通信线路就会被断开。

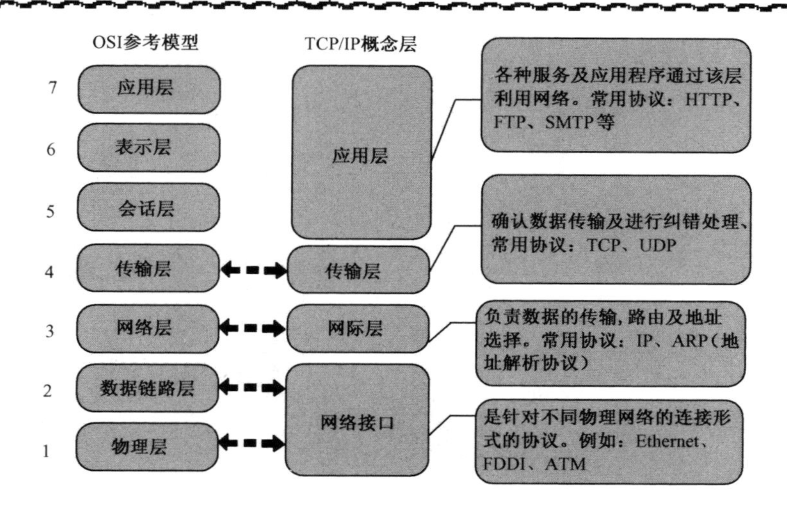

图 5-3　TCP/IP 四层结构

（2）报文交换技术

报文交换技术不需要事先建立物理线路，它将发送的数据作为一个整体发送给中间交换设备。中间交换设备先将数据存储起来，然后寻找一条合适的线路，将数据转发给下一个交换设备，直至数据发送到目标节点或终端。

（3）分组交换技术

分组交换技术是报文交换技术的改进。它将数据分成一个个分组，中间交换设备在接收第二个分组之前，就可以转发已经接收的第一个分组，这样就减少了传输延迟，提高了网络的工作效率和吞吐量。分组交换技术除了提高网络的工作效率和吞吐量外，还提供一定程度的差错检测和代码转换，因此计算机网络常常使用分组交换技术。例如现在的 IP 电话使用的就是分组交换技术。

5.1.2　计算机网络的结构

在一个计算机网络中，有时需要连接 2～3 台计算机，也可能要连接几十台、上百台甚至几千台计算机及其他设备。如何连接这些计算机和设备呢？这就涉及计算机网络的拓扑结构。计算机网络拓扑结构就是指用线缆等传输媒介将计算机和其他网络设备连接起来的物理布局。目前大多数网络使用的最基本的拓扑结构有三种。

1．星形拓扑结构

星形拓扑结构是最基本的一种连接方式。大家每天都使用的电话网络就属于这种结构。星形结构的中心节点是主节点，它接受各分散节点的信息，再转发给其他相应节点，采用集中控制方式管理。其优点在于结构简单，易于实现，便于管理。其缺点就是网络的中心节点是全网可靠性的关键，中心节点的任何故障都可能导致全网的瘫痪。

2．环形网络拓扑结构

环形结构在局域网中使用较多。各节点通过接口连接于一条封闭的环形通信线路中，传输信息绕环传送，任何一个节点发送的信息都必须经过环路中的全部接口。环形结构的特点是结构简单，所有路径选择、接口通信、软件管理都比较简单，实现起来容易。但当网络中的任何一台计算机发生故障，整个网络就会瘫痪；另外，如果节点过多，会影响传输效率，使网络响应时间变长。

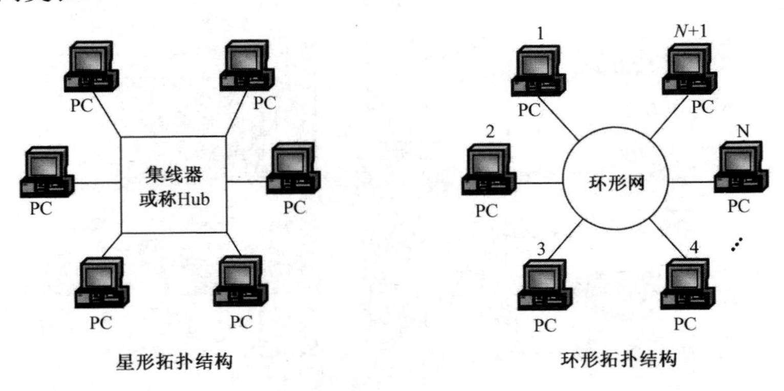

星形拓扑结构　　环形拓扑结构

3．总线形拓扑结构

总线形拓扑结构是将所有需要连接的计算机都连接到一条作为公共传输介质的总线上，数据可以向任一方向传输。这种结构具有费用低、数据端用户入网灵活、站点或某个端用户出现故障不影响其他站点通信的优点，它是目前网络技术中使用较普遍的一种。总线拓扑结构的缺点是一旦总线出现故障，整个网络将受到影响。

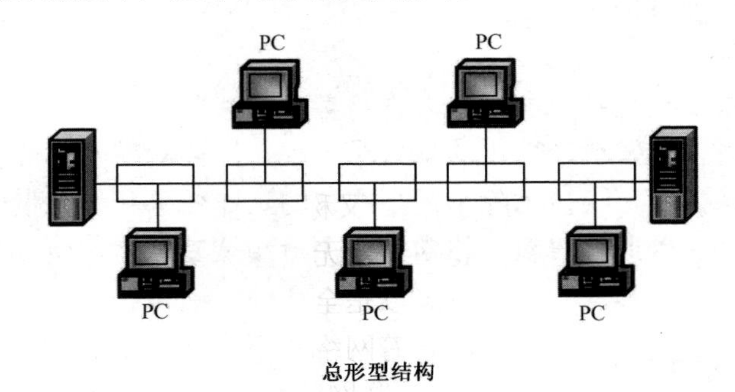

总形型结构

5.1.3 计算机网络的类型

虽然网络类型的划分标准各种各样，但是从地理范围划分是一种大家都认可的通用网络划分标准。按这种标准可以把各种网络类型划分为局域网、城域网、广域网和互联网四种。

1．局域网（Local Area Network，简称 LAN）

局域网是我们最常见、应用最广的一种网络。现在局域网随着整个计算机网络技术的发展和提高得到充分的应用和普及，很多单位都有自己的局域网，甚至有的家庭中都有自己的小型局域网。比如校园网就是一种典型的局域网。很明显，所谓局域网，就是在局部范围内的网络，它所覆盖的地区范围较小。局域网在计算机数量配置上没有太多的限制，少的可以只有两台，多的可达几百台。在网络所涉及的地理距离上一般来说可以是几米至几公里以内。局域网一般位于一个建筑物或一个单位（如学校）内。

局域网组建方便，使用灵活，成本低，应用广，传输速率高。局域网的网络系统中需要有计算机、网络适配卡、连接计算机或网络设备的局域网电缆、网络操作系统、通信协议以及必要的应用软件。

2. 城域网（Metropolitan Area Network，简称 MAN）

城域网一般来说是在一个城市范围内的计算机互联。这种网络的连接距离可以为 10～100 公里。MAN 与 LAN 相比扩展的距离更长，连接的计算机数量更多，在地理范围上可以说是 LAN 网络的延伸。在一个大型城市，一个 MAN 网络通常连接着多个 LAN。如连接政府机构的 LAN、医院的 LAN、电信的 LAN、公司企业的 LAN、学校的 LAN 等。

城域网多采用 ATM 技术。ATM 是一个用于数据、语音、视频以及多媒体应用程序的高速网络传输方法。ATM 包括一个接口和一个协议，该协议能够在一个常规的传输信道上，在比特率不变及变化的通信量之间进行切换。ATM 也包括硬件、软件以及与 ATM 协议标准一致的介质。ATM 提供一个可伸缩的主干基础设施，以便能够适应不同规模、速度以及寻址技术的网络。ATM 的最大缺点就是成本太高，所以一般在政府城域网中使用，如邮政、银行、医院等。

3. 广域网（Wide Area Network，简称 WAN）

这种网络也称为远程网，所覆盖的范围比城域网更广，它一般是在不同城市之间的 LAN 或者 MAN 网络互联，地理范围可从几百公里到几千公里。因为距离较远，信息衰减比较严重，所以这种网络一般是要租用专线，通过 IMP（接口信息处理）协议和线路连接起来，构成网状结构。这种网络因为所连接的用户多，总出口带宽有限，所以用户的终端连接速率一般较低，通常为 9.6Kbps～45Mbps。

4. 互联网（Internet）

互联网因其英文单词“Internet”的谐音，又称为“因特网”。在互联网应用如此发达的今天，它已是我们每天都要打交道的一种网络，无论从地理范围，还是从网络规模来讲它都是最大的一种网络。从地理范围来说，它可以是全球计算机的互联，这种网络的最大的特点就是不定性，整个网络的计算机每时每刻随着网络的不断接入而不断地发生变化。当你连接在互联网上的时候，你的计算机可以算是互联网的一部分，但一旦当你断开互联网的连接时，你的计算机就不属于互联网了。它的优点也是非常明显的，就是信息量大，传播广，无论你身处何地，只要连上互联网你就可以对任何可以联网的用户发出你的信函和广告。因为这种网络的复杂性，所以其实现技术也是非常复杂的。

课堂讨论

试谈谈在日常生活中你所遇到的网络接入终端的方式有哪些？

5.2 局域网组成与工作原理

局域网是指在某一区域内由多台计算机互联而成的计算机组。局域网的地理覆盖范围有限，一般在 10 公里以内，通常限于一栋大楼或一个建筑群内，属于一个部门或单位组建的小范围的网络。局域网可以实现文件管理、应用软件共享、打印机共享、扫描仪共享、工作组内的日程安排、电子邮件和传真通信服务等功能。局域网是封闭型的，可以由办公室内的两台计算机组成，也可以由一个公司内的上千台计算机组成。

5.2.1 局域网的特征与规范

1. 局域网的特征

（1）地理分布范围较小，一般为数百米至数公里，可覆盖一幢大楼、一所校园或一个企业。

（2）数据传输速率高，一般为 0.1～100Mbps，目前已出现速率高达 1000Mbps 的局域网，可交换各类数字和非数字（如语音、图像、视频等）信息。

（3）误码率低，一般在 10^{-8}～10^{-11} 以下。这是因为局域网通常采用短距离基带传输，可以使用高质量的传输媒体，从而提高了数据传输质量。

（4）以 PC 为主体，包括终端及各种外围设备，网中一般不设中央主机系统。

（5）协议简单、结构灵活、建网成本低、周期短、便于管理和扩充。

2. 有线网络与无线网络

按照网络的传输介质分类可以将计算机网络分为有线网络和无线网络两种。

有线网络指采用同轴电缆、双绞线、光纤等有线介质来连接的计算机网络。采用双绞线联网是目前最常见的联网方式。特点是价格便宜、安装方便，但易受干扰，传输速率较低，传输距离较短；用光导纤维作为传输介质的特点是传输距离长、传输速率高、抗干扰性强。局域网通常采用单一的传输介质如双绞线组网，而城域网和广域网则可以同时采用多种传输介质如光纤、同轴细缆、双绞线等。

无线网络采用微波、红外线、无线电等电磁波作为传输介质。由于无线网络的联网方式灵活方便，不受地理位置影响，因此是一种很有前途的组网方式，不少大学和公司已经在使用无线网络了。目前无线通信系统主要有：低功率的无绳电话系统、模拟蜂窝系统、数字蜂窝系统、移动卫星系统、无线局域网等。

3. 局域网的一般技术规范

（1）局域网中的主机（计算机，服务器和其他局域网组件）通过集线器或交换机连接到网络上，形成多层次的星形网络拓扑结构。

（2）局域网符合开放式系统互联（OSI）参考模型统一标准。

（3）局域网的数据链路协议包括：百兆位以太网（10/100Mbps Ethernet），千兆位以太网（Gigabit Ethernet），令牌环网（Torken-Ring），光纤分布式数据接口（FDDI），异步转移模式（ATM）。

（4）局域网使用的网络层及传输层协议主要为 TCP/IP。其他的网络协议还有：NetBIOS（网络基本输入输出系统），NetBEUI（扩展用户接口），IPX/SPX（网间消息传递协议），SNA（系统网络体系结构）。

（5）应用层的协议有电子邮件协议、HTTP 和文件传输协议（FTP）等。

（6）局域网的组件主要包括交换机（Switch）、集线器（Hub）、防火墙设备、负载均衡设备。路由器（Router）是局域网的终点，也是其接入广域网的起点。

（7）局域网设计需考虑的问题有：负载平衡、瓶颈问题、子网划分、容量规划、与广域网连接、防火墙、局域网组件（交换机，集线器）的选择等。

5.2.2　局域网的组成

完整的计算机网络系统一般由硬件系统和软件系统组成。局域网的硬件系统一般由服务器、用户工作站、网络适配器（网卡）和传输介质（连接线）四部分组成。网络软件系统包括网络操作系统（NOS）和网络协议。

1．硬件系统

（1）服务器（Server）

服务器是一种高性能计算机，它主要运行网络操作系统，提供硬盘、文件数据及打印机共享等服务功能，是网络控制与管理的核心。作为网络的节点，存储、处理网络上 80%的数据、信息。做一个形象的比喻，服务器就像是邮局的交换机，而微机、笔记本电脑、PDA、手机等固定或移动的网络终端，就如散落在家庭、各种办公场所、公共场所等处的电话机。我们与外界日常的生活、工作中的电话交流、沟通，必须经过交换机，才能到达目标电话；同样如此，网络终端设备如家庭、企业中的微机上网、获取信息，必须经过服务器，因此也可以说是服务器在“组织”和“领导”这些设备。

服务器的构成与微机基本相似，有处理器、硬盘、内存、系统总线等，它们是针对具体的网络应用特别制定的，因而服务器与微机在处理能力、稳定性、可靠性、安全性、可扩展性、可管理性等方面存在很大差异。尤其是随着信息技术的进步，网络的作用越来越明显，对自己信息系统的数据处理能力、安全性等的要求也越来越高。

服务器可分为文件服务器，打印服务器，数据库服务器等。在 Internet 上，还有 Web、FTP、E-mail 等服务器。

（2）工作站（Workstation）

工作站也称为客户机，就是那些享受服务器所提供服务的计算机。在网络中，用户直接面对的是工作站，通过运行工作站网络软件，访问 Server 以共享资源。这些微机通过插在其中的网卡，经传输介质与网络服务器连接，用户便可以通过工作站向局域网请求服务并访问共享的资源。

（3）网卡

网卡也叫网络适配器，是局域网中最基本的部件之一，它是连接计算机与网络的硬件设备。网卡的主要工作是整理计算机上将要发送到网络上的数据，并将数据分解为适当大小的数据包之后向网络上发送出去。对于网卡而言，每块网卡都有一个唯一的网络节点地址，它是网卡生产厂家在生产时“烧”入 ROM（只读存储芯片）中的，我们把它叫做 MAC 地址（物理地址），且保证绝对不会重复。

我们日常使用的网卡都是以太网网卡。目前网卡按其传输速度来分可分为 10Mbps 网卡、10/100Mbps 自适应网卡以及千兆位（1000Mbps）网卡。如果只是作为一般用途，如日常办公等，比较适合使用 10Mbps 网卡和 10/100Mbps 自适应网卡两种。

（4）传输介质

传输介质是网络连接设备间的中间介质，也是数据信号传输的媒体。

① 双绞线

双绞线由两根具有绝缘层的铜导线组成，一般由两根 22～26 号绝缘铜导线相互缠绕而成。把两根绝缘的铜导线按一定密度互相绞在一起，可降低信号干扰的程度，每一根导线在传输中辐射的电波会被另一根线上发出的电波抵消，通常把一对或多对双绞线放在一个绝缘套管中就形成了双绞线电缆。

双绞线分为屏蔽双绞线（STP）和非屏蔽双绞线（UTP），非屏蔽双绞线有线缆外皮作为屏蔽层，适用于网络流量不大的场合中。屏蔽式双绞线对电磁干扰具有较强的抵抗能力，适用于网络流量较大的场合中。

双绞线最多应用于 10Mbps 和 100Mbps 的以太网（Ethernet）中，具体技术规定如下：

- 一段双绞线的最大长度为 100 米，只能连接一台计算机。
- 双绞线的每端需要一个 RJ—45 插件（头或座）。
- 各段双绞线通过集线器互连，利用双绞线最多可以连接 64 个站点到集线器。
- 集线器可以利用收发器电缆连到以太网同轴电缆上。

② 同轴电缆

同轴电缆以单根铜导线为内芯，外裹一层绝缘材料，外覆密集网状导体，最外面是一层保护性塑料。金属屏蔽层能将磁场反射回中心导体，同时也使中心导体免受外界干扰，故同轴电缆比双绞线具有更高的带宽和更好的噪声抑制特性。

根据电缆的直径大小，可将同轴电缆分为粗同轴电缆与细同轴电缆。粗缆适用于比较大型的局域网络中，它的标准距离长、可靠性高，由于安装时不需要切断电缆，因此可以根据需要灵活调整计算机的入网位置；细缆安装比较简单，造价低，但由于安装过程要切断电缆，两头需装上基本网络连接头（BNC），然后接在 T 型连接器两端，所以当接头多时容易产生接触不良的隐患，这是以太网所发生的最常见故障之一。

③ 光导纤维

光纤即光导纤维，是一种细小、柔韧并能传输光信号的介质，一根光缆中包含有多条光纤。光纤通信的主要组成部件有光发送机、光接收机和光纤，在进行长距离信息传输时还需要中继机。通信中，由光发送机产生光束，将表示数字代码的电信号转变成光信号，并将光信号导入光纤，光信号在光纤中传播，在另一端由光接收机负责接收光纤上传出的光信号，并进一步将其还原成为发送前的电信号。为了防止长距离传输而引起的光能衰减，在大容量、远距离的光纤通信中每隔一定的距离需设置一个中继机。在实际应用中，光缆的两端都应安装有光纤收发器，光纤收发器集成了光发送机和光接收机的功能，既负责光的发送也负责光的接收。与同轴电缆比较，光纤可提供极宽的频带且功率损耗小、传输距离长（2 公里以上）、传输率高（可达数千 Mbps）、抗干扰性强（不会受到电子监听），是构建安全性网络的理想选择。

（5）通信连接设备

数据通过传输介质在网络中传输，那么又是如何准确到达目标设备的呢？这就是网络中的通信连接设备在发挥作用。它能够引导信息准确地到达目标节点，就好像邮政系统中的运输人员以及投递员、分捡员，负责按照信封上的地址把邮件投递到正确的收信人手中一样。通常来讲，通信连接设备包括中继器、集线器、网桥、交换机和路由器等。

① 中继器（Repeater）

中继器是常用的互联设备，常用于两个网络节点之间物理信号的双向转发工作。主要完成信号的复制、调整和放大功能，以此来延长网络的长度。

由于存在损耗，在通信线路上传输的信号功率会逐渐衰减，衰减到一定程度时将造成信号失真，因此会导致接收错误。中继器就是为解决这一问题而设计的，它完成物理线路的连接，对衰减的信号进行放大，使数据保持与原数据相同。

② 集线器（Hub）

集线器（Hub）以星形的形式连接多个计算机或其他网络连接设备，能够提供多端口服务，也称为多口中继器。

集线器的基本功能是信息分发，它将一个端口收到的信号转发给其他所有端口，集线器的所有端口共享集线器带宽。当用户在一台 10Mbps 带宽的集线器上只连接一台计算机时，此计算机的带宽是 10Mbps，当连接 10 台计算机时，每台计算机带宽则是 1Mbps。因此，用集线器组网时，连接的计算机越多，网络速度越慢。

③ 网桥（Bridge）

网桥又称为桥接器，是数据链路层实现局域网互连的存储转发设备，它可以有效地连接两个局域网，使本地通信限制在本网段内，并转发相应的信号至另一网段，它要求互连网络的操作系统相同，具有相同的协议。网桥具有扩展网络和通信分段功能。

④ 交换机

交换机是目前使用较广泛的网络组件之一。从外观上看，交换机与集线器几乎一样，其端口与连接方式和集线器也是一样的。但是，由于交换机采用了交换技术，其性能得到了大大增强。

⑤ 路由器

路由器在网络互连中起着至关重要的作用，主要用于局域网与广域网的互连。Internet 就是由众多的路由器连接起来的计算机网络。路由器在网络中主要实现路由、数据转发、数据过滤等功能。

中继器与集线器机械地转发数据，像邮政系统中的运输人员，只负责接收上一站送来的包裹并继续往下传递，不管其他问题。网桥和交换机能够判断是否需要转发数据包，像邮递员接到自己辖区内的信函并送给收信人，而将非自己辖区内的信件退回给邮局。路由器能够判断数据传输的最佳路径，像邮局里的分捡员，根据收信人地址考虑走什么路线，如何运送信件最快捷。

中继器与集线器的作用基本一致，其主要区别在于端口数量，网桥与交换机之间的异同也是如此。

2. 软件系统

（1）网络操作系统

网络操作系统（NOS——Network Operating System）负责管理整个网络的资源。它是能使网络上各台计算机方便有效地共享网络资源，并为用户提供所需要的各种服务的操作系统软件。

网络操作系统与单机操作系统的区别：单机操作系统，如 DOS、OS/2、Windows 98、Windows 2000 等，主要是让用户与操作系统以及在操作系统上运行的各种应用程序之间进行交互，提供内存管理、CPU 管理、输入输出管理、文件管理等功能。而网络操作系统除了具备单机操作系统的功能之外，还应具备以下功能：提供高效可靠的网络通信能力；提供数据文件、应用程序及硬盘、打印机、扫描仪等资源的共享；提供诸如远程管理、文件传输、电子邮件等基本网络服务。此外，现在的网络操作系统还增加了很多管理功能，如用户账户管理、Internet 服务管理等。

作为网络用户和计算机网络之间的接口，网络操作系统具有以下特征：

① 硬件无关性

网络操作系统可以运行于各种硬件平台之上，能支持多种网卡和调制解调器，独立于网络拓扑结构，可以支持多种不同类型的网络，如广域网的 X.25 网络、局域网的以太网、令牌环网、FDDI、ATM 等。

② 支持多用户、多任务

网络操作系统提供资源共享功能和各种网络服务，所以它应能同时支持多个用户对网络资源和网络服务的实时访问，同时对每个系统用户可以提供前后台的多任务处理。

③ 网络管理

网络操作系统应能管理好网络上的计算机资源，如增强网络的可用性、提高网络的运行质量和网络资源利用率、保障网络数据的安全性等。

目前可供选择的网络系统有很多种，比较流行的主要有 Microsoft（微软）公司的 Windows 操作系统、Novell 公司的 Netware 操作系统、UNIX、Linux 等四类，各种网络操作系统都有其自身的特点和优势。

（2）网络应用软件

与普通用户联系更紧密的还是各种网络应用软件。常用的网络应用软件有：浏览器软件，如微软的 Internet Explorer（简称 IE）、火狐浏览器（Firefox）；网络媒体播放器，如 RealPlayer、Windows Media Player；解压缩工具，如 WinRAR、WinZIP；文件下载工具，如网际快车（FlashGet）、迅雷（Thunder）；网络聊天工具腾讯 QQ 、MSN Messenger；网络电视、网络收音机、网络 IP 电话软件等。

5.2.3 局域网的工作模式

局域网的工作模式是指局域网中各个节点之间的关系。按照工作模式的划分可以大致将其分为专用服务器结构、客户机/服务器模式和对等模式 3 种。

1. 专用服务器结构

专用服务器结构又称为“工作站/文件服务器”结构，由若干台微机工作站与一台或多台文件服务器通过通信线路连接起来组成工作站存取服务器文件，共享存储设备。

文件服务器自然以共享磁盘文件为主要目的。对于一般的数据传递来说已经够用了，但是当数据库系统和其他复杂的应用系统到来的时候，服务器已经不能承担这样的任务了，因为随着用户的增多，为每个用户服务的程序也会相应增多，每个程序都是独立运行的大文件，给用户的感觉是极慢的，因此产生了客户机/服务器模式。

2. 客户机/服务器模式

客户机/服务器模式（Client/Server）简称 C/S 模式，如图 5-4 所示。其中一台或几台较大的计算机集中进行共享数据库的管理和存取，称为服务器。而将其他的应用处理工作分散到网络中其他微机上去做，构成分布式的处理系统，服务器控制管理数据的能力已由文件管理方式上升为数据库管理方式。

浏览器/服务器（Browser/Server，B/S）是一种特殊形式的 C/S 模式，在这种模式中客户端为一种特殊的专用软件——浏览器。这种模式下由于对客户端的要求很少，不需要另外安装附加软件，在通用性和易维护性上具有突出的优点。这也是目前各种网络应用提供基于 Web 的管理方式的原因。

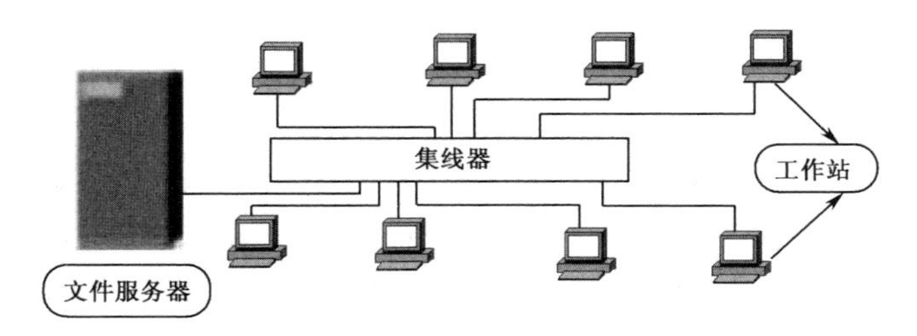

图 5-4　Client/Server 网络结构

3. 对等式网络

对等网模式（Peer-to-Peer）如图 5-5 所示。与 C/S 模式不同的是，在对等式网络结构中，每一个节点之间的地位对等，没有专用的服务器，在需要的情况下每一个节点既可以起客户机的作用又可以起服务器的作用。

对等网也常常被称做工作组。对等网络一般常采用星形网络拓扑结构，最简单的对等网络就是使用双绞线直接相连的两台计算机。在对等网络中，计算机的数量通常不会超过 10 台，网络结构相对比较简单。

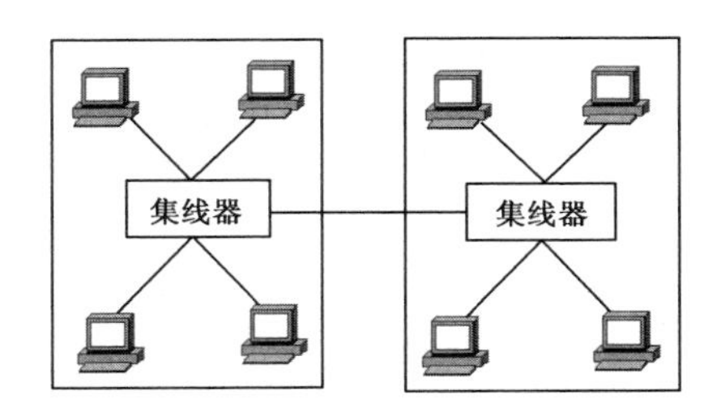

图 5-5　对等网络

对等网除了共享文件之外，还可以共享打印机以及其他网络设备。也就是说，对等网上的打印机可被网络上的任一节点使用，如同使用本地打印机一样方便。因为对等网不需要专门的服务器来支持网络，也不需要其他组件来提高网络的性能，因而对等网络的价格相对其他模式的网络来说要便宜很多。由于对等网的这些特点，使得它在家庭或者其他小型网络中应用得很广泛。

课堂讨论

试谈谈在日常生活中你所接触的网络中哪些是对等网络？哪些是局域网？哪些是Internet?

5.3 广域网与 Internet

5.3.1 广域网的特征

广域网（WAN）是一种远距离连接多个局域网的网络。现存最大的广域网就是因特网（Internet）。

在广域网中占主导地位的协议是 TCP/IP（传输控制协议/互联网协议）。因特网即建立在 TCP/IP 协议的基础之上。TCP/IP 是一种和 OSI 兼容的层次网络技术，克服了不同平台可能存在的不兼容性，它使因特网得以正常工作。IP 地址解决了因特网地址编制的问题，使计算机可以容易地找到目标。而 URL（统一资源定位器）用来简化地址的记忆。

5.3.2 广域网的传输技术

广域网传输技术包括租用线路、帧中继、ATM 等。

（1）租用线路，提供有效的连接。按月收取固定的费用。租用线路不能携带租用人之外的任何通信，所以线路能够保证给定的传输质量。

（2）帧中继，采用报文交换技术，利用本地电话线路进行远程连接，将数据分为可变长度的报文单元，将通信控制和纠错功能交由各种类型的网络节点完成，从而提高的网络性能，降低网络费用。

（3）异步传输模式（ATM），是一种基于信元中继的技术。用于组建大型高容量广域网络的干线。ATM 除了具有越来越高的带宽，最直接的优点就是在同一个平台上把语音和基于局域网的通信融为一体。因此对于使用语音和视频的网络服务来说是最佳选择。

5.3.3 Internet（因特网）

Internet 是当今世界上规模最大的计算机互联网络。在 Internet 上，大量的信息资源存储在各个网络的计算机系统上，所有计算机系统存储的信息组成信息资源的海洋，信息是以各种形式分布在世界各地的计算机系统上，使得人们可以在 Internet 上进行资源的共享。

1．Internet 中常用的术语

（1）超文本传输协议（Hyper Text Transport Protocol，简称 HTTP）是网络进行信息传输使用最为广泛的一种通信协议，所有的 WWW 程序都必须遵循这个协议标准。通过该协议可以对某个服务器的文件进行访问，包括对该服务器上指定文件的浏览、运行和下载。也就是说通过 HTTP，用户可以访问 Internet 上的 WWW 的资源。

（2）统一资源定位器（Uniform Resource Locator，简称 URL），在 WWW 中信息以网页为单位分散在不同的地点。为了便于查找，每个网页要有一个格式统一的唯一标志，以便确定网页的位置，这个唯一标志就是 URL。

URL 的一般形式如下：

<URL 的访问方式>://<主机>:＜端口＞ / ＜路径＞

例如：http://www.tsing.edu.cn/Index.htm，表示以 HTTP 访问方式访问清华大学 Web 服务器的首页。

（3）超文本标记语言（Hyper Text Markup Language，简称 HTML）是一种专门用于 WWW 的编程语言。

2. 因特网提供的服务

（1）WWW 服务

WWW（World Wide Web，万维网）不是一个独立的、特殊的计算机网络。它是 Internet 提供的一种联机信息服务。它之所以被称为“网”，不是因为物理上的连接关系，而是因为复杂的逻辑连接。

WWW 是由欧洲粒子物理研究中心（CERN）研制的，它基于超文本（Hypertext）和超媒体（Hypermedia）技术，将许多信息资源联结成一个信息网，用户通过统一的资源定位符 URL 来访问 WWW 上特定的信息。WWW 上的 Web 服务器通过超文本传输协议（HTTP）向用户提供多媒体信息，所提供信息的基本单位是按照超文本标记语言（HTML）确定的规则写成的网页。

（2）文件传输服务

文件传输服务可以通过文件传输协议来实现，文件传输协议（File Transfer Protocol，简称 FTP）解决了远程传输文件的问题。只要两台计算机都加入互联网且都支持 FTP，它们之间就可以进行文件传送。

FTP 实质上是一种实时的联机服务。用户登录到目的服务器上就可以在服务器目录中寻找所需文件。FTP 可以传送绝大多数类型的文件，如文本文件、图像文件、声音文件等。

FTP 服务器是专门提供文件下载（Download）和文件上传（Upload）的主机。目前访问 FTP 服务器主要有三种方法：

- DOS 命令访问
- 浏览器访问

通过浏览器访问普通 FTP 服务器的方法就好像使用浏览器访问 WWW，操作时打开浏览器，在“地址”栏内输入 FTP 服务器的地址，如“ftp://192.169.32.1”。连接成功后，用户就像打开自己计算机里的资源管理器一样。

- 通过 FTP 软件访问

目前能够登录 FTP 的软件很多，相对前两种访问方法，通过 FTP 软件进行访问更简单方便，且功能更强大。常用的 FTP 软件有 CuteFTP 等。

由于每个用户都要先注册，才能使用 FTP 服务，这同时也为一些共享资源的充分利用带来了不便，所以很多 FTP 服务系统提供一种称为匿名 FTP 的服务，即在服务器上建立一个公开的账号，在这个账号下，用户可以访问公共目录，共享公共信息资源。

（3）电子邮件服务

电子邮件（E-mail）服务是目前使用最广泛和最受欢迎的服务，它是网络用户之间进行的快速、简便、可靠的现代通信手段。

电子邮件使网络用户能够发送和接收文字、图像和语音等多种形式的信息。使用电子邮件的前提是拥有自己的电子信箱，即 E-mail 地址，实际上就是在邮件服务器上建立一个用于存储邮件的磁盘空间。电子邮件地址的典型格式为 username@mailserver.com，其中 mailserver.com 代表邮件服务器的域名，username 代表用户名，符号@读作“at”。

电子邮箱应具有以下基本特征：

① 唯一性。

② 开放性，可在任何时间接收电子邮件。

③ 可以接收任何人的电子邮件，只要知道电子邮箱的地址，任何人都可以向这个邮箱发送电子邮件。

④ 邮箱是私有的，即只有电子邮箱的拥有者才能打开电子邮箱，阅读里面的电子邮件。

⑤ 能够一直保留收到的电子邮件（可以限制邮件的总容量），直到邮箱的拥有者把它们取走或删除。

⑥ 具有基本的管理和维护功能。

（4）远程登录服务

远程登录服务通过远程登录协议（Telnet）实现，远程登录也是互联网提供的最基本的服务之一。用户的远程登录是在网络通信 Telnet 的支持下，使自己的计算机暂时成为远程计算机仿真终端的过程。要在远程计算机上登录，首先应给出远程计算机的域名或 IP 地址。另外，事先应该成为该远程计算机系统的合法用户并拥有相应的账号和口令。

目前国内远程登录服务最广泛的应用就是公告版系统（BBS），通过 BBS，以电子布告牌、电子白板、电子论坛、网络聊天室、留言板等交互形式为上网用户提供信息发布条件，用户可以进行各种信息交流讨论。

远程登录服务的特点如下：

① 允许用户与在远程计算机上运行的程序进行交互。

② 可以执行远程计算机上的任何应用程序，并且能屏蔽不同型号计算机之间的差异。

③ 用户可以利用个人计算机去完成许多只有大型计算机才能完成的任务。

用户在使用 Telnet 服务之前，需要安装 Telnet 软件，还要在 Telnet 服务器上进行注册，注册成功并且获得账号和口令后，才能登录 Telnet 服务器。用户登录 Telnet 服务器后，可以与本地终端一样使用 Telnet 服务器上的资源。用户所能使用的服务器资源取决于其被授予的权限和 Telnet 服务器的功能。

（5）电子商务

电子商务是一种在网络上实施商务的方式，这种商务可以是零售、银行、证券、期货交易、咨询和培训等。任何通过网络进行产品或服务的出售和买入的行为均属于电子商务的范畴。

电子商务与传统商务相比具有明显的优势，主要表现在以下几个方面：

① 速度快。以前需要几天甚至几周才能到达的商务信息，现在通过 Internet 几秒钟即能收到。

② 环节少。企业和客户通过 Internet 可以直接掌握所需要的最新信息。

③ 没有商品库存压力。一个经营良好的电子商场可以做到零库存。

实际上，广域网提供的服务远远不止这些，如网络电话（Internet Phone）、网络会议（Net Meeting）、网络传呼机（ICQ）等都得到极大的应用。值得注意的是，虽然广域网提供的服务越来越多，但这些服务一般都是基于 TCP/IP 协议的。TCP/IP 是一组协议的集合，它是广域网运行的基础。

3．因特网的接入

Internet 是一个信息资源的宝库，为了充分利用 Internet 中的信息资源，人们开发了各种各样的 Internet 应用工具，从而使 Internet 在人们实际生活中的应用发挥越来越重要的作用。下面介绍几种常用的接入 Internet 方式。

（1）拨号连接

如果有一台计算机与一部电话，只需要为该计算机安装一个调制解调器（MODEM）就可以实现拨号上网，上网速率最高为 56Kb/s。调制解调器的作用是实现模拟信号与数字信号的相互转换。作为数据发送端时，将计算机的数字信号转换成能够在电话线中传输的模拟信号；作为数据接收端时，将电话线中的模拟信号转换成计算机能够识别的数字信号。

用户计算机利用调制解调器，通过电话网与网络服务提供商（Internet Service Provider，简称 ISP）的访问服务器或终端服务器相连接，再通过 ISP 的连接通道接入 Internet，如图 5-6 所示。

用户计算机与 ISP 的远程接入服务器（Remote Access Server，简称 RAS）均通过 MODEM 与电话网相连。当用户访问 Internet 时，通过拨号方式与 ISP 的 RAS 建立连接，通过 ISP 的路由器访问 Internet。

（2）局域网连接

如果用户的计算机在某个局域网中，并且该局域网与 Internet 实现了互联，则用户的计算机可通过局域网访问 Internet。

当用户连接 Internet 时，首先用户局域网使用路由器，通过数据通信网与 ISP 相连接，再通过 ISP 的连接通道接入 Internet，如图 5-7 所示。

（3）宽带连接

宽带网接入方式不仅增大了上网的带宽，提高上网的速度。而且它使 Internet 为人们提供了更多、更广的服务，比如社区宽带网可提供方便快捷的网上视频点播、可视网络会议、电子商务、远程教育、远程医疗服务等。小区宽带用户即使几百人甚至上千人同时在网上点播影视节目，也不会相互影响播放速度。

宽带网建设分三层：骨干网、城域网和社区接入网。骨干网解决的是城市之间的网络通信，城域网解决的是城市市区内的网络通信，社区接入网解决的是将网络接入到每个用户的问题。

目前，社区宽带网的用户端接入方式主要有以下几种：

① ISDN 综合业务数字网络（Integrate Service Digital Network，简称 ISDN）。通过提供端到端的数字连接，来实现语音、数据、传真、图文、电子信箱、可视电话、会议电视、语音信箱等多种业务的网络。

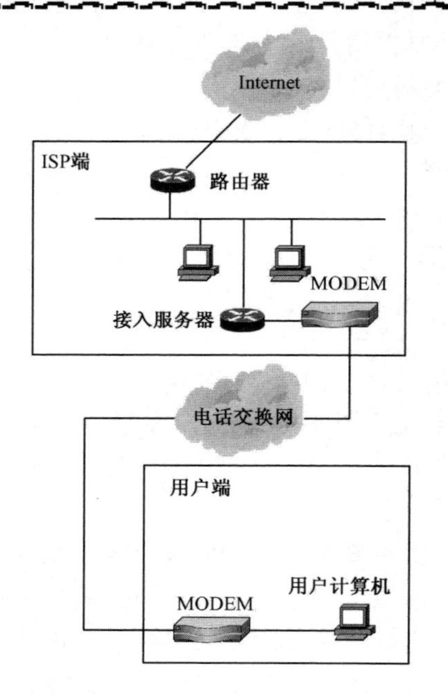

图 5-6 拨号连接示意图

图 5-7 局域网连接示意图

ISDN 给用户提供 BRI 和 PRI 两种接口，BRI 接口的传输速率可达 144Kb/s。PRI 接口的传输速率可达 2.048Mb/s。通常一般用户所用的是 BRI 接口。

② DDN 专线接入方案。数字数据网（Digital Data Network，简称 DDN），它是一种以数字信号传输为主的数字传输网络。它可以向用户提供 64Kb/s～2Mb/s 的传输速率。但它的接入费用和月租费用较高，更适合企业用户。

③ ADSL 方案。非对称数字用户线路（Asymmetrical Digital Subscriber Loop，简称 ADSL），它被欧美等国家誉为“现代信息高速公路的快车”。ADSL 方案不需要改造现有的电话信号传输线路，不需要用户再增加电话线，只要求用户端有一个特殊的 MODEM。它一端连接到用户的计算机上，另一端连接在电信部门的 ADSL 网络中。由于 ADSL 接入方式具有传输速率高、费用低、安装简易、一线多用等优点，使得 ADSL 成为继 MODEM、ISDN 之后的一种更快捷、更高效的接入方式。

课堂讨论

试谈谈你目前为止所使用过的 WWW 服务有哪些？

习题 5

一、填空题

1．局域网可采用多种通信介质，如________，________或________等。

2．Internet 采用的工作模式为________。

3．Internet 采用的基本协议为________。

4．OSI 参考模型有________，________，________， 传输层，会话层，表示层和应用层七个层次。

5．在 WWW 中，使用统一资源定位器 URL 来唯一地标识和定位因特网中的资源，它由三部分组成：________，________，________。

二、单项选择题

1. 计算机互联的主要目的是（　　　）。

A. 制定网络协议　　B. 将计算机技术与通信技术相结合

C. 集中计算　　D. 资源共享

2. 以下的网络分类方法中，哪一组分类方法有误（　　　）。

A. 局域网/广域网　　B. 对等网/城域网　　C. 环形网/星形网　　D. 有线网/无线网

3. 下面协议中，用于 WWW 传输控制的是（　　　）。

A. URL　　B. SMTP　　C. HTTP　　D. HTML

4. 对局域网来说，网络控制的核心是（　　　）。

A. 工作站　　B. 网卡　　C．网络服务器　　D. 网络互连设备

5. 电子邮件地址 sun@163.net 中没有包含的信息是（　　　）。

A. 发送邮件服务器　　B. 接收邮件服务器　　C．邮件客户机　　D. 邮箱所有者

6. 为采用拨号方式接入 Internet，（　　　）是不必要的。

A. 电话线　　B. 一个 MODEM　　C. 一个 Internet 账号　　D. 一台打印机

三、简答题

1．计算机网络常用的传输通信设备有哪些？

2．什么是局域网？有什么特点？

3．简述几种因特网的接入方式？

四、思考题

请你谈谈拨号连接和局域网连接 Internet 的方式有什么不同？请画出它们的结构图。

第 6 章 系统测试常用工具

王明最近在电脑城购买了一台新的台式个人计算机，他想了解所购买的计算机整体性能以及各个部件的性能如何。但由于刚接触计算机不久，对计算机性能方面的知识了解甚少，请你带他来认识一下计算机系统常用的性能指标有哪些？需要哪些测试工具？

带着上述问题，我们将为大家介绍几款系统测试常用的工具。在电脑的一些部件发生变化时，使用系统测试软件可以对系统进行全面的测试和诊断，及时地发现问题，并对其进行维护和优化，使得计算机性能更加安全稳定。

6.1 整机测试工具

使用电脑整机测试软件可以整体地了解计算机系统的各种信息，在装机时一般只需要一款整机测试软件即可。下面将介绍常用的一款整机测试软件：SiSoftware Sandra Professional 2005。

SiSoftware Sandra Professional 2005 是一款系统性能综合分析测评工具，其功能强大，使用方法简单。

1. 界面介绍

软件安装完毕后，进入主界面，主界面由“向导模块”、“信息模块”、“对比模块”、“列表模块”四部分组成，如图 6-1 所示。

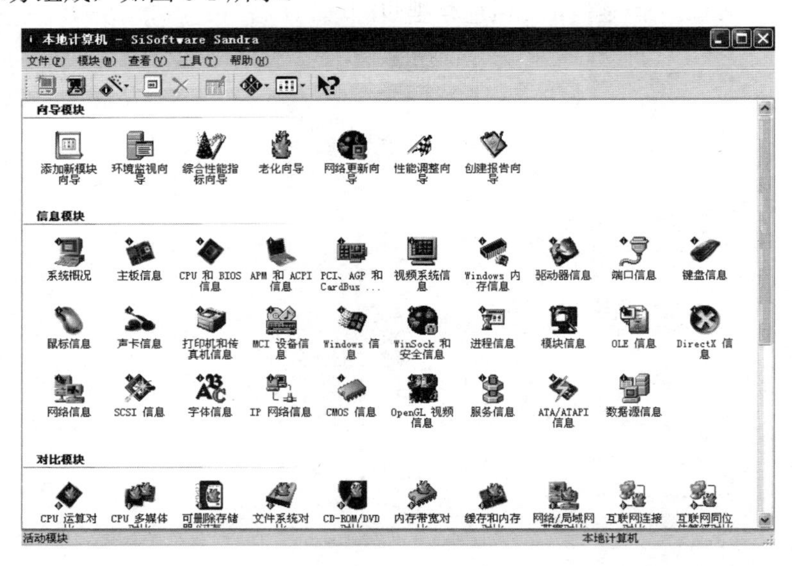

图 6-1　SiSoftware Sandra Professional 2005 主界面

SiSoftware Sandra Professional 2005 要在网络成功连接的前提下进行项目测试。

2．整机性能测试

下面将通过三个方面来对整机性能进行测试。

（1）综合性能测试

通过“向导模块”，可以很快的测出当前电脑的性能如何。在“向导模块”中双击“综合性能指标向导”，在弹出的“综合性能指标向导”窗口中单击✓。进入系统性能测试界面，如图 6-2 所示。

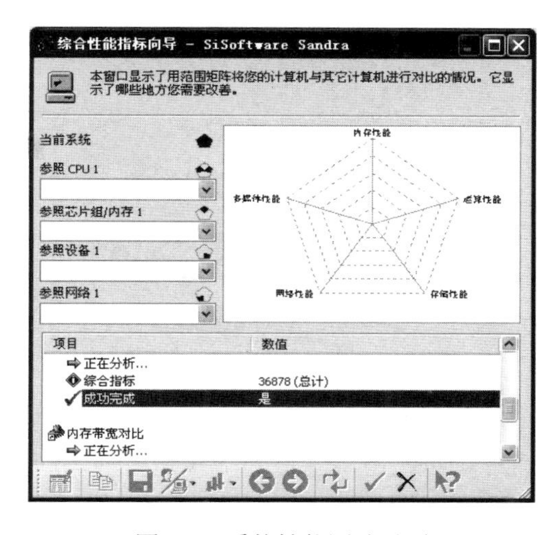

图 6-2　系统性能测试界面

测试完毕后，软件将以图文形式很直观地将测试结果显示出来，如图 6-3 所示。

图 6-3　系统性能测试结果界面

（2）查询软硬件信息

在“信息模块”中，双击相应的图标就可以看到系统中绝大部分的软硬件相关信息。例如查看“CMOS 信息”，只需双击“信息模块”中的“CMOS 信息”图标，此时软件会很快将测试结果显示出来，如图 6-4 所示。

图 6-4　CMOS 信息模块

（3）对比测试

如果用户想将当前的受测设备与参考设备进行性能的比较，则可以在“对比模块”中进行，下面以对 CPU 运算能力进行对比为例。

双击“对比模块”中的“CPU 运算对比”图标，系统将很快将测试结果显示出来，通过测试的数据反映受测 CPU 与参考的 CPU 之间的性能差异，如图 6-5 所示。

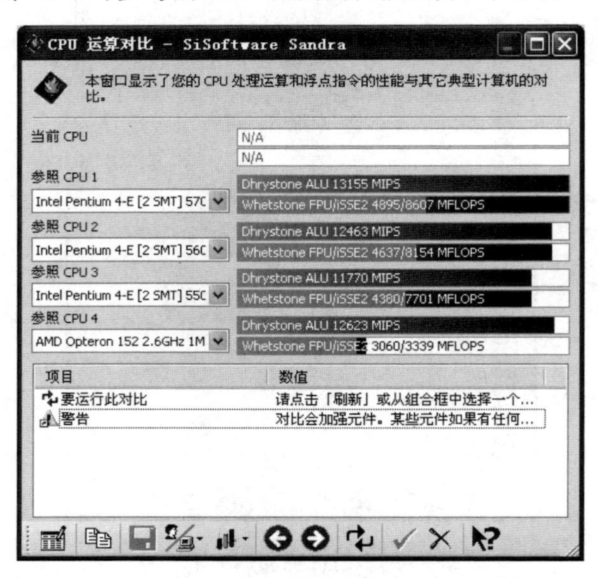

图 6-5　CPU 运算对比测试结果

6.2　CPU 测试工具

1. CPU 的重要性能参数

CPU（Central Processing Unit）中文称为中央处理器，它的主要功能是进行运算和逻辑运算。影响 CPU 主要的性能有主频、外频和倍频数。

主频即 CPU 内部核心工作的时钟频率。外频是 CPU 的外部时钟频率，外频是由电脑主板提供的。而倍频则是指 CPU 外频与主频相差的倍数。CPU 的主频与外频的关系为：

主频＝外频×倍频。

对于同类型的 CPU，主频越高，CPU 的速度就越快，整机的性能就越高。

对于同种类的 CPU，主频越高，CPU 的速度就越快，整机的性能就越高。

CPU 由于质量问题、超频不当等原因造成的故障时有发生，因此进行 CPU 的性能测试对保障电脑的稳定性是非常重要的。

2. CPU-Z 简介

CPU-Z 是目前使用最为广泛的一款 CPU 性能测试软件。CPU-Z 支持多种类型的 CPU，软件启动后，它能够很快的对 CPU 性能进行检测。另外它能检测主板和内存的相关信息。如图 6-6 所示。

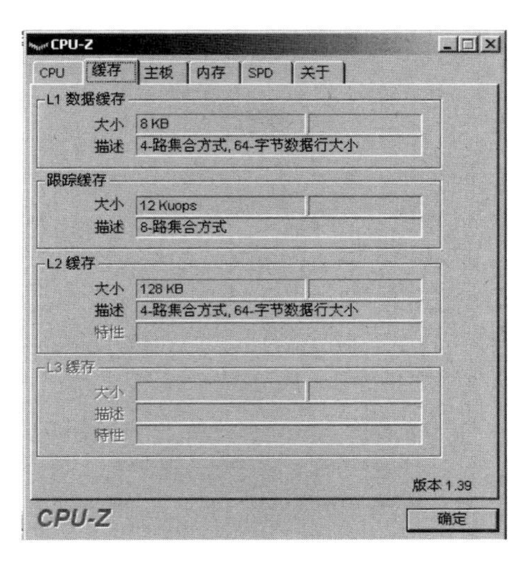

图 6-6　CPU-Z 性能测试“缓存”界面

3. 性能测试

CPU-Z 软件对 CPU、缓存、主板、内存和 SPD 5 个项目进行测试分析。测试完毕后，选中各个选项卡，相关测试结果将在主界面上直接显示。根据显示的测试数据，可以全面地查看 CPU 信息。如图 6-7 所示。

图 6-7　CPU-Z 性能测试“CPU”界面

单击“缓存”选项卡可以查看 CPU 的一级缓存、二级缓存等项目的测试分析数据。

如果了解主板的相关信息，则单击“主板”选项卡，其测试数据将显示在主界面上。

如果一台计算机上有双 CPU，可在“处理器选择”中选择不同的 CPU，则主界面中将显示当前选中的 CPU 的测试数据。

另外，还有一些其他常用的 CPU 测试工具，如 Hot CPU Tester Pro、MyCPU 等。

6.3　内存测试工具

内存作为计算机的重要部件之一，它的大小直接影响系统的性能。对于计算机出现的不稳定状况，一般与内存的质量和兼容性有着一定的关系，因此对内存的检测则是必要的。

对内存质量的检测，我们采用 MemTest 软件。

1．MemTest 界面

软件安装完毕后，启动，界面如图 6-8 所示。

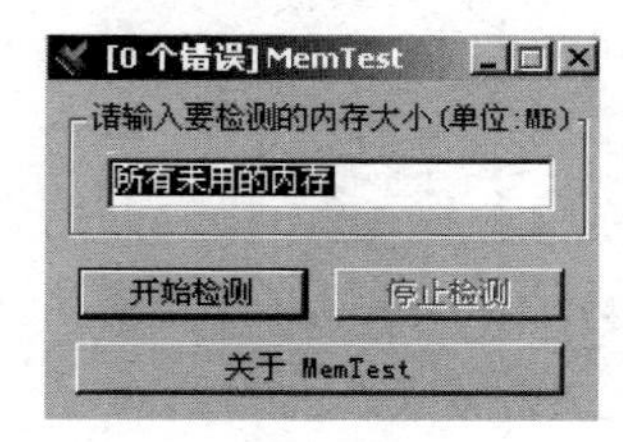

图 6-8　MemTest 界面

2．内存检测

在 MemTest 主界面的“请输入要检测的内存大小”文本框中输入需要测试的内存大小。比如“20”，单击“开始检测”按钮。如图 6-9 所示。

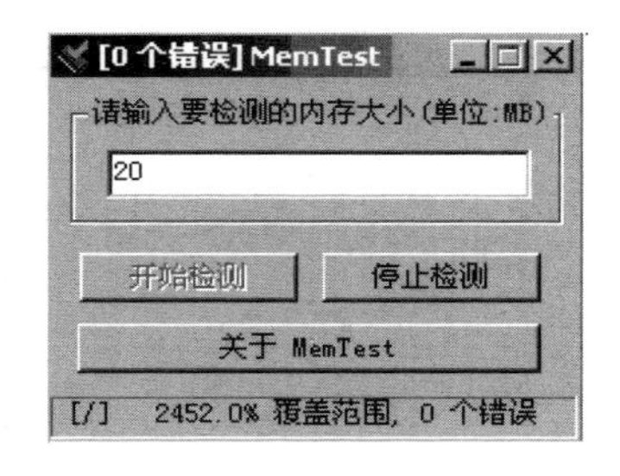

图 6-9　内存检测

检测过程在界面下方通过进度条显示出来，如果检测出问题，则软件将会显示出来。

为了保证检测结果的准确性，一般至少需要让软件运行 20 分钟以上。

6.4　显卡测试工具

显卡在计算机的图形图像处理中起着至关重要的作用。要测出当前显卡的真伪和性能，一款优秀的显卡测试软件则是必不可少的。下面将介绍显卡测试软件：3DMark。

1．3DMark 简介

作为权威的显卡测试软件，3DMark 系列目前最新的版本是 3DMark 2006，利用 3DMark 的大规模的图形运算可检测当前显卡的稳定性以及快速的测出产品是否存在缺陷。如图 6-10 所示。

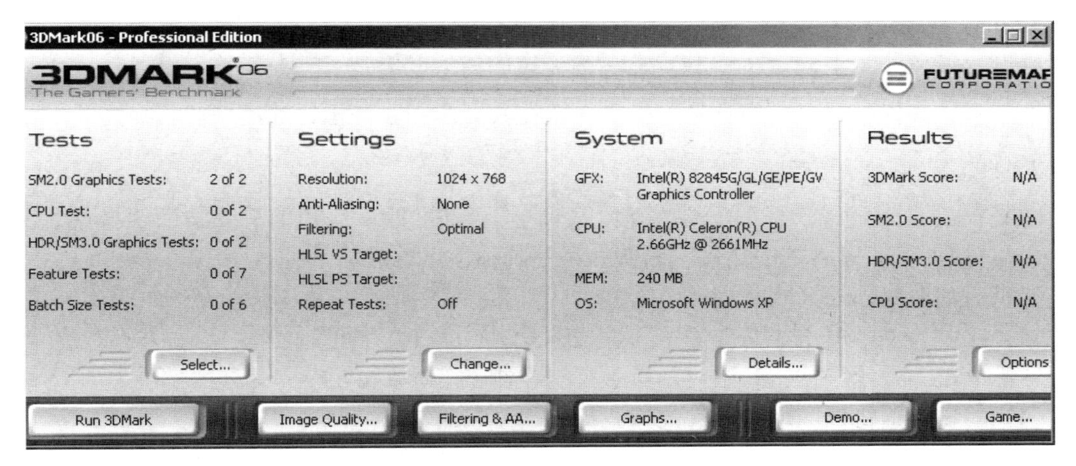

图 6-10　3DMark 界面

2. 3DMark 性能测试

如果确定要对当前计算机的显卡进行测试，单击“Run 3DMark”按钮。此时软件会进入测试状态，在此过程中将会出现一些图形或动画界面。测试结果如图6-11显示。

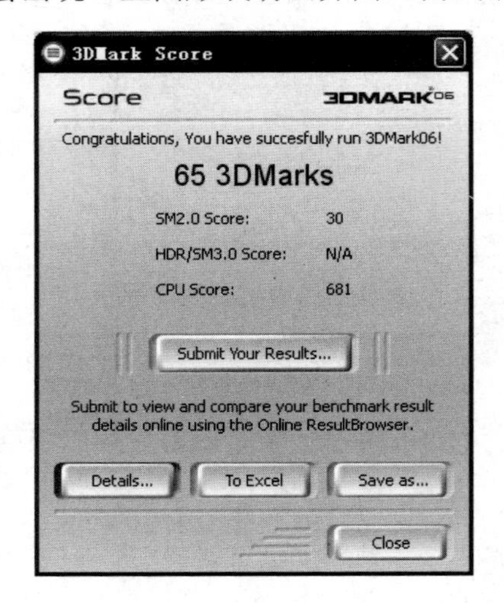

图6-11 3DMark 测试结果

3DMark 的测试过程需要一定的时间，不要在中途停止。

6.5 硬盘测试工具

硬盘作为计算机主要存储介质，其性能的好坏直接影响数据的存取速度和数据的完整性。硬盘测试软件种类很多，有很多是各个硬盘厂商自带的专用工具，其侧重点各不相同。下面将介绍一款第三方硬盘测试软件：HD Tune。

1. HD Tune 简介

通过 HD Tune 主要可以对硬盘的传输速率、温度、健康状况等进行检测。它集检测硬盘固件版本、容量、缓存、序列号于一身。软件具有体积小，运行速度快等优点。

2. HD Tune 使用方法

HD Tune 界面包括4个主要的功能选项卡：“基准测试”、“信息详情”、“健康状况”、“错误扫描”。下面以“基准测试”为例介绍其具体使用方法。

（1）启动 HD Tune。

（2）在主界面中单击“基准测试”选项卡。

（3）单击“开始”按钮开始对硬盘进行基准测试，如图6-12所示。

（4）测试数据将以图形和数字的方式动态地显示出来。

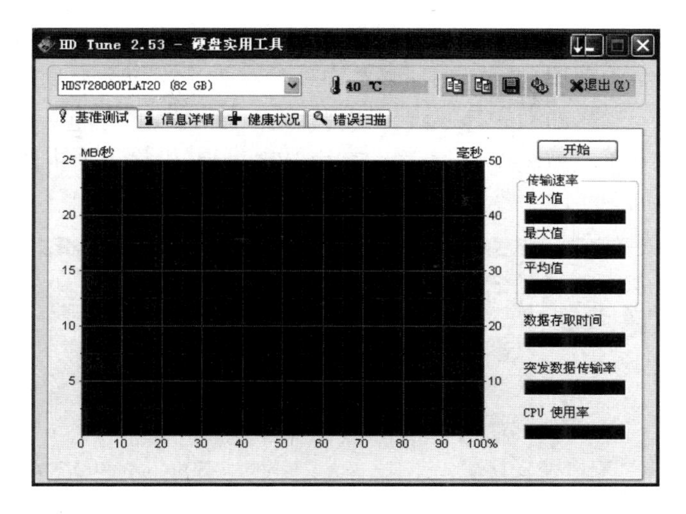

图 6-12　HD Tune“基准测试”界面

6.6　Windows 优化大师

Windows 优化大师是一款优秀、全面的系统优化软件。使用它可以对磁盘缓存、桌面文件、文件系统、网络系统、开机速度、系统安全、后台服务等方面进行优化设置。

Windows 优化大师主要功能可分为系统信息检测、系统性能优化、系统维护。下面将介绍其常用的一些功能项。

1. 系统信息检测

系统信息检测可以帮助用户集中查看各种系统信息，包括系统信息总览、处理器与主板、视频系统信息、音频系统信息、存储系统信息、网络系统信息、其他设备信息、软件信息列表、系统性能测试。用户可根据各自的需要进行查看，如图 6-13 所示。

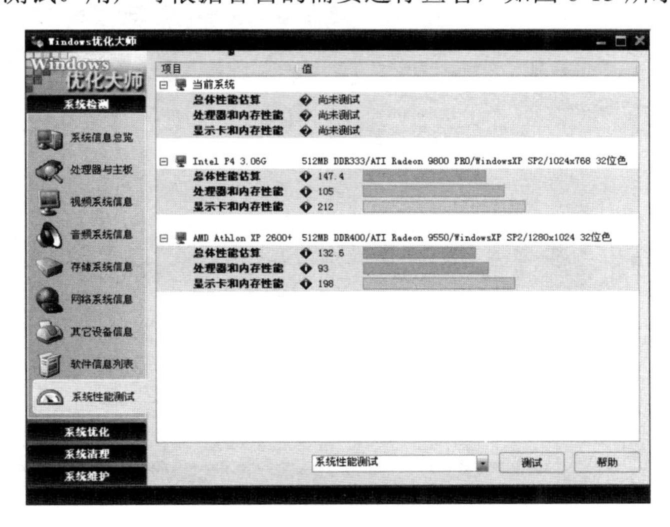

图 6-13　系统信息检测

2．开机速度优化

计算机系统在长时间使用后，由于一些应用软件在启动列表中添加了自己的快捷方式或一些病毒程序自己加入到启动列表等原因，使得机器的启动速度变慢，有时需要花很长时间才能成功进入系统，对于这些程序我们可以使用 Windows 优化大师中的“开机速度优化”功能来处理。如图 6-14 所示。

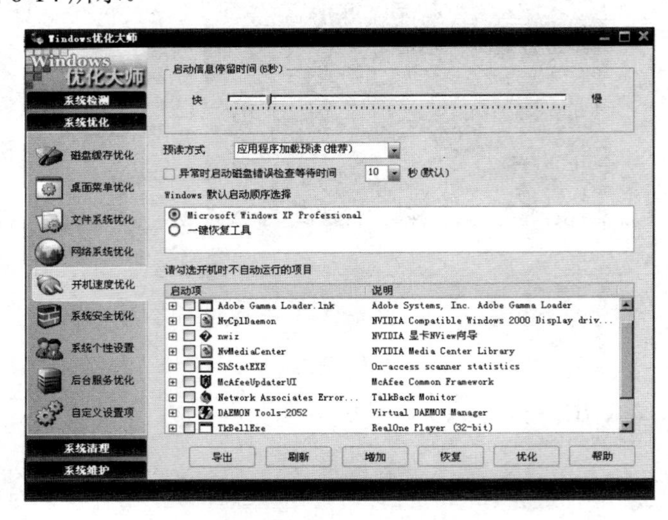

图 6-14　开机速度优化

3．注册表信息处理

注册表主要用来保存系统配置信息，系统在使用一段时间后，注册表内容会有所增加。臃肿的注册表文件不仅浪费磁盘空间，同时也会影响系统启动的速度及注册表的存取效率。使用 Windows 优化大师的“系统清理”功能项中的“注册信息处理”功能可以安全、有效地删除注册表中的垃圾信息。如图 6-15 所示。

图 6-15　注册表信息处理

课堂讨论

试谈谈计算机系统常用的性能指标有哪些。

习题 6

一、填空题

1. 可以对电脑整机性能进行测试的软件是__________。
2. 在 SiSoftware Sandra Professional 2005 中，将当前的受测设备与参考设备进行性能的比较是通过__________测试。
3. CPU 的主频与外频的关系为______________。
4. CPU 性能测试软件是______________。
5. MemTest 是用来测试______________性能的软件。
6. Windows 优化大师的主要功能有____________、_____________、____________、____________。

二、单项选择题

1. 下面软件是主要用来测试硬盘性能的是（　　　　）。
   A. 3DMark　　B. HD Tune　　C. SiSoftware Sandra Professional　　D. MemTest
2. 下面关于 CPU 性能描述正确的是（　　　　）。
   A. CPU 的性能取决与外频　　B. CPU-Z 无法获取主板相关信息
   C. CPU-Z 是唯一款 CPU 性能测试软件　　D.主频越高，CPU 的速度就越快
3. 下面不属于 HD Tune 功能选项的是（　　　　）。
   A. 系统检测　　B. 信息详情　　C. 错误扫描　　D. 健康状况
4. 下列说法不正确的是（　　　　）。
   A. 内存的不稳定会导致系统的不稳定　　B. HD Tune 体积小，运算速度快
   C. “开机速度优化”可以加快系统启动速度　　D. Windows 优化大师无法优化桌面文件

三、简答题

1. 如何使用 SiSoftware Sandra Professional 2005 对整机进行测试？
2. 你认为内存的检测工作有必要进行吗？
3. 请你谈谈 Windows 优化大师的主要功能有哪些？

四、思考题

请你谈谈除了上面所描述的几种常见的系统测试工具外，还有哪些测试工具？

读者意见反馈表

书名：计算机组成与工作原理　　　　**主编**：刘晓川　　　　**策划编辑**：关雅莉

谢谢您关注本书！烦请填写该表。您的意见对我们出版优秀教材、服务教学，十分重要。如果您认为本书有助于您的教学工作，请您认真地填写表格并寄回。**我们将定期给您发送我社相关教材的出版资讯或目录，或者寄送相关样书。**

个人资料

姓名__________年龄_____联系电话_____________（办）____________（宅）_____________（手机）

学校______________________________________专业______________职称/职务_____________________

通信地址__________________________________ 邮编____________E-mail_________________________

您校开设课程的情况为：

本校是否开设相关专业的课程　□是，课程名称为_________________________________　□否

您所讲授的课程是____课时_______________________

所用教材____________________________________出版单位______________________印刷册数_______

本书可否作为您校的教材？

□是，会用于_________________________________课程教学　　□否

影响您选定教材的因素（可复选）：

□内容　　□作者　　□封面设计　　□教材页码　　□价格　　□出版社

□是否获奖　　□上级要求　　□广告　　□其他____

您对本书质量满意的方面有（可复选）：

□内容　　□封面设计　　□价格　　□版式设计　　□其他______________________

您希望本书在哪些方面加以改进？

□内容　　□篇幅结构　　□封面设计　　□增加配套教材　　□价格

可详细填写：____

____

您还希望得到哪些专业方向教材的出版信息？

____

谢谢您的配合，请将该反馈表寄至以下地址。如果需要了解更详细的信息或有著作计划，请与我们直接联系。

通信地址：北京市万寿路173信箱　中等职业教育分社　　**邮编**：100036

http://www.hxedu.com.cn　　E-mail:ve@phei.com.cn　　**电话**：010-88254475；88254591

中等职业学校教材工作领导小组

反侵权盗版声明